まちづくりを再発見できる情報誌

見る！ 知る！ 遊ぶ！

まちづくりを
再発見
できる情報誌

DOBOKU

巻頭特集

環境を学ぼう

生活を支える

歴史を感じる

施設を観よう

自然と遊ぼう

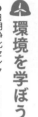

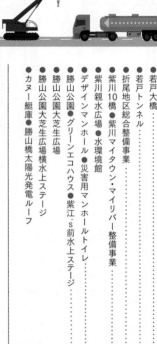

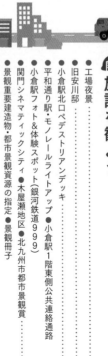

まちづくりを再発見できる

DOBOKU

巻頭特集

北九州市の都市計画
暮らしに重要なインフラ
文化そして歴史的な産業遺産など
話題の施設などを集めました。

国内初の本格的な長大吊橋

国指定重要文化財 若戸大橋

令和4年
国指定
重要文化財

若戸大橋

〔施設完成時期／昭和37年9月27日供用開始〕

093-582-2274
問 建設局道路部道路維持課
所 戸畑区川代一丁目～若松区本町三丁目
HP https://www.gururich-kitaq.com/spot/wakato-bridge
見 可（展示室（アビュレットブリジアム））：要予約
予約受付：戸畑区役所まちづくり整備課
TEL 093-871-4241

若戸大橋が赤色になったのは、北九州工業地帯の躍動を象徴し、エネルギー・情熱・使命を象徴する色だからです。正式には「カドミウム・レッド」といい、昭和34年5月開催「若戸大橋技術審議会・審美委員会」で決定しました。

吊橋部が627m(支間長367m)、海面から桁下までの高さ40mの若戸大橋は、わが国初の本格的な長大吊橋で、建設当時は「東洋一の夢の吊橋」と言われました。日本の土木技術と材料で造られており、後の関門橋や平戸大橋、本州四国連絡橋等の建設に活かされています。

昭和5年4月に起きた若戸渡船転覆事故をきっかけに、トンネル整備を行う構想がありましたが、日中戦争や太平洋戦争の影響で中止を余儀なくされました。地元関係者の努力によって、昭和34年3月の着工にこぎつけ、昭和37年9月に完成した若戸大橋は、旧若松市と旧戸畑市がつながるだけでなく、数か月後にひかえた北九州市誕生の懸け橋となりました。

また、「若戸大橋」の名前は一般から公募し、応募総数3万4千通の中から昭和35年9月に選ばれました。

平成30年12月に若戸トンネルと共に無料化され、令和4年2月に国の重要文化財（建造物）に指定されました。同年8月には「日本夜景遺産」の「ライトアップ夜景遺産」に認定、さらに9月には開通60周年を迎えました。

1 主ケーブル

吊橋は、主ケーブルから垂れ下がったハンガーロープによって橋桁を吊るす構造になっています。素線と呼ばれる直径5㎜の鋼線7,351本で作られている61本のスパイラルロープが束ねられて、主ケーブルはできています。約700ｍの1本の主ケーブルには、約5,500ｔの引張力が働いており、この力によって橋桁を吊り下げています。

引張力1本につき、

約5,500t

2 橋台

ケーブルの引張力を支えるために、若松と戸畑に1ヵ所ずつ、コンクリートのアンカーブロック（約33,000ｔ）が設置されています。この内部で、主ケーブルから61本のスパイラルロープがばらばらに分けられてそれぞれがしっかりと固定されています。

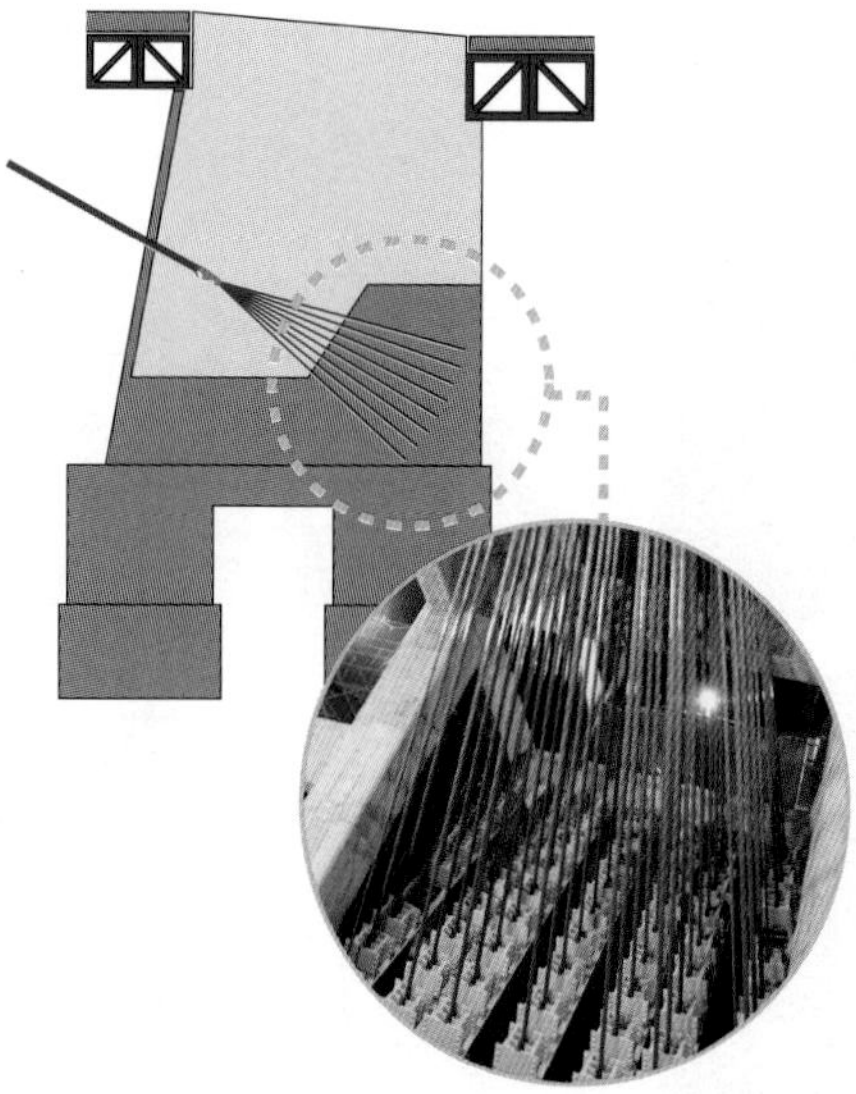

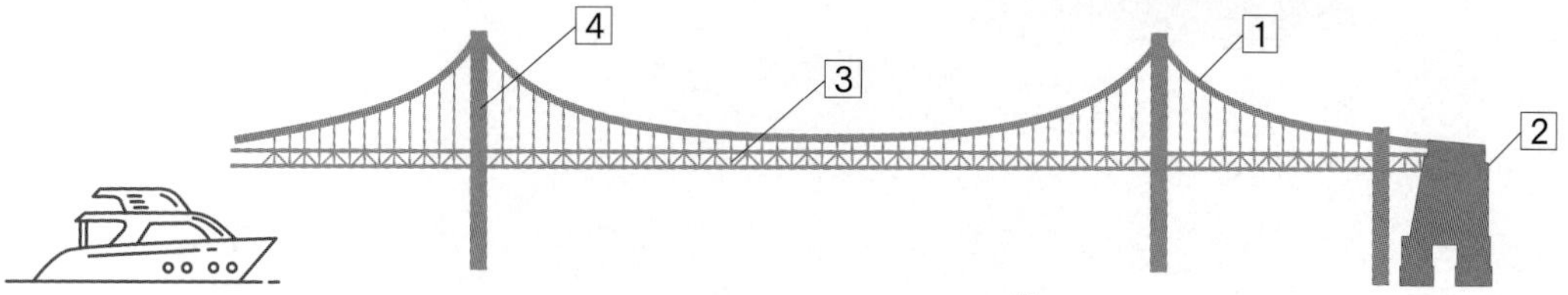

3 橋桁

強風から橋を守るために、風が橋に力を加えることなく、自然と流れていくように工夫された構造となっています。

橋桁は鉄骨を上下斜めに組立てた補剛桁《ほごうけた》構造で、車道中央と両端を金網状にすることで、風を流れやすくしています。

4 主塔

若戸大橋の建設では、当時の最先端技術として、リベット接合が採用されました。

リベット接合は、片側に頭が付いている釘のような金属製の棒を熱して、接合する穴に差し込み、反対側から叩いてつぶすことで、同じような頭を作って固定する工法です。

若戸大橋には、約144万本（東京タワーの約8.6倍）のリベットが使用されています。

また、戸畑側の主塔は、鋼製ケーソンを使用して日本で初めて海中に基礎が建てられました。

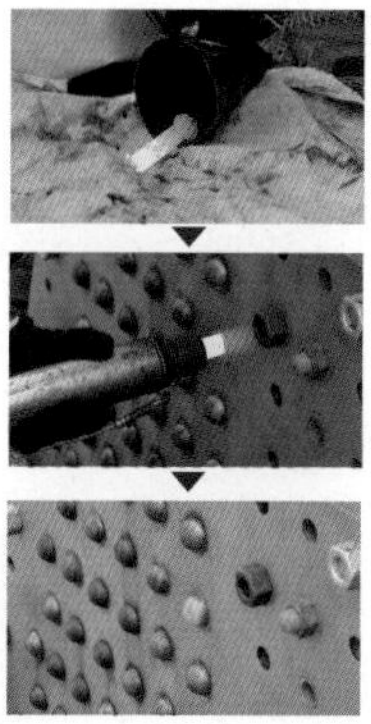

リベット接合

平成30年12月1日から
若戸大橋・若戸トンネルの通行料金無料化を契機に、
毎日「若戸大橋ライトアップ」が行われています。
※点灯時間　4月～9月：19時～22時
10月～3月：18時～22時

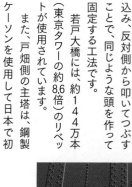

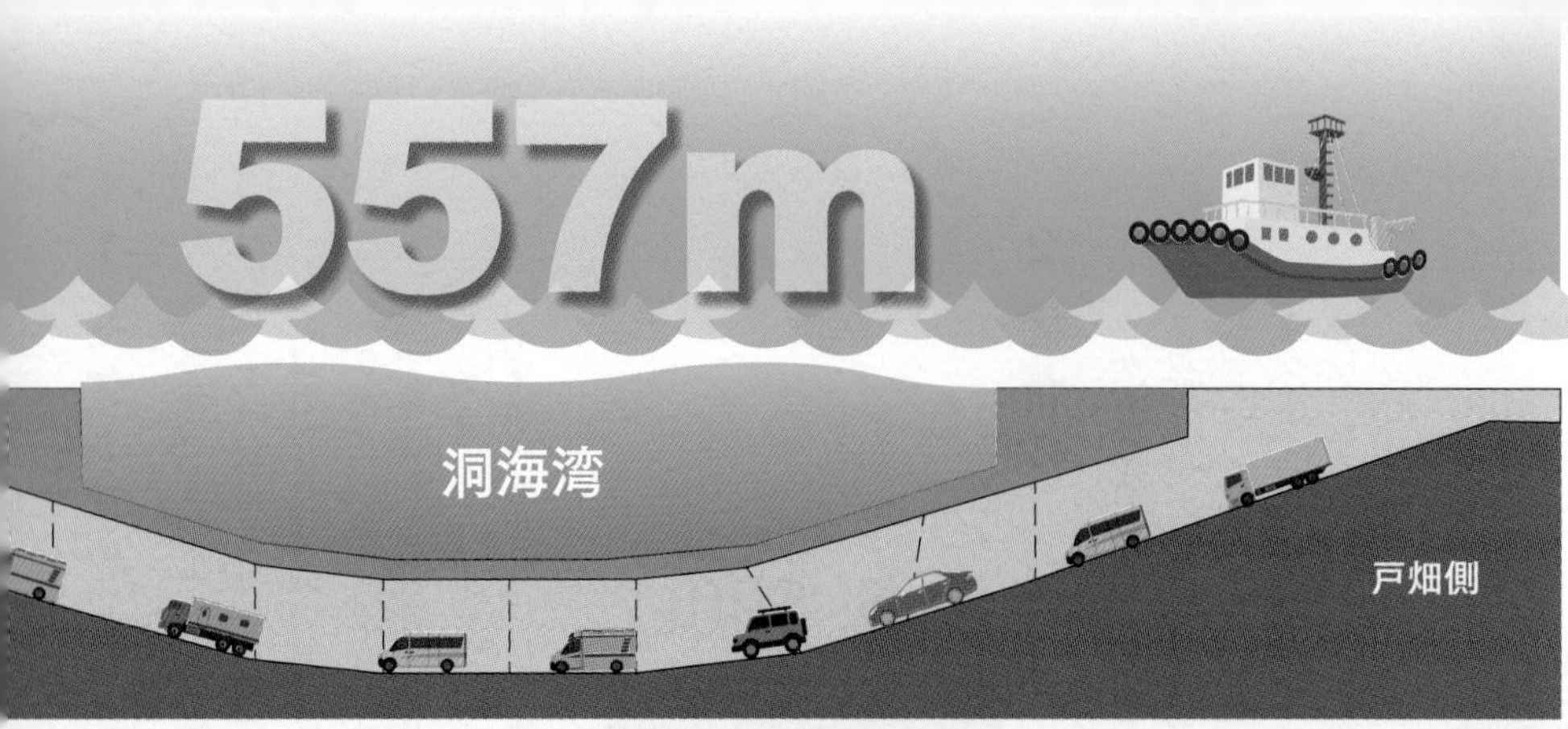

WAKATO TUNNEL

若《わか》戸《と》トンネル

九州初の沈埋方式

若戸大橋の渋滞緩和及び広域幹線道路へのアクセス強化を図るとともに、本市の重要な生産・物流拠点である響灘地区の交通需要の増加に対応するため新たに整備された海底トンネルです。延長は、若松と戸畑を結ぶ2.3㎞で、このうちトンネル部分は約770mです。

若戸トンネル
〔施設完成時期／平成24年9月15日〕
☎ 093-582-2191 問 建設局道路部街路課
所 若松区北浜一丁目～戸畑区新池三丁目
見 不可（自動車専用道路のため）
HP https://www.city.kitakyushu.lg.jp/kensetu/05500113.html

一般道との接続橋梁

送り出し工法で施工

一般的な橋梁の工事では、組み立てた橋桁をクレーンで吊り下げて橋脚の上に設置する方法を用いますが、ＪＲの線路をまたぐ橋梁のため、十分な安全性を考慮して「送り出し」という工法で、列車運行を終えた夜間に施工されました。

担当者から豆知識

送り出し
設置予定箇所の隣で製作した橋を、横からスライドするように押し出して架設する方法です。

都市高速との接続橋梁

若戸道路の中で、最も長い60mのスパン長（長さ）を持っている曲線橋です。別の場所で製作した橋梁本体を特殊な大型車に乗せて運搬し、夜間通行止めにして設置されました。

海底のトンネル（沈埋トンネル）

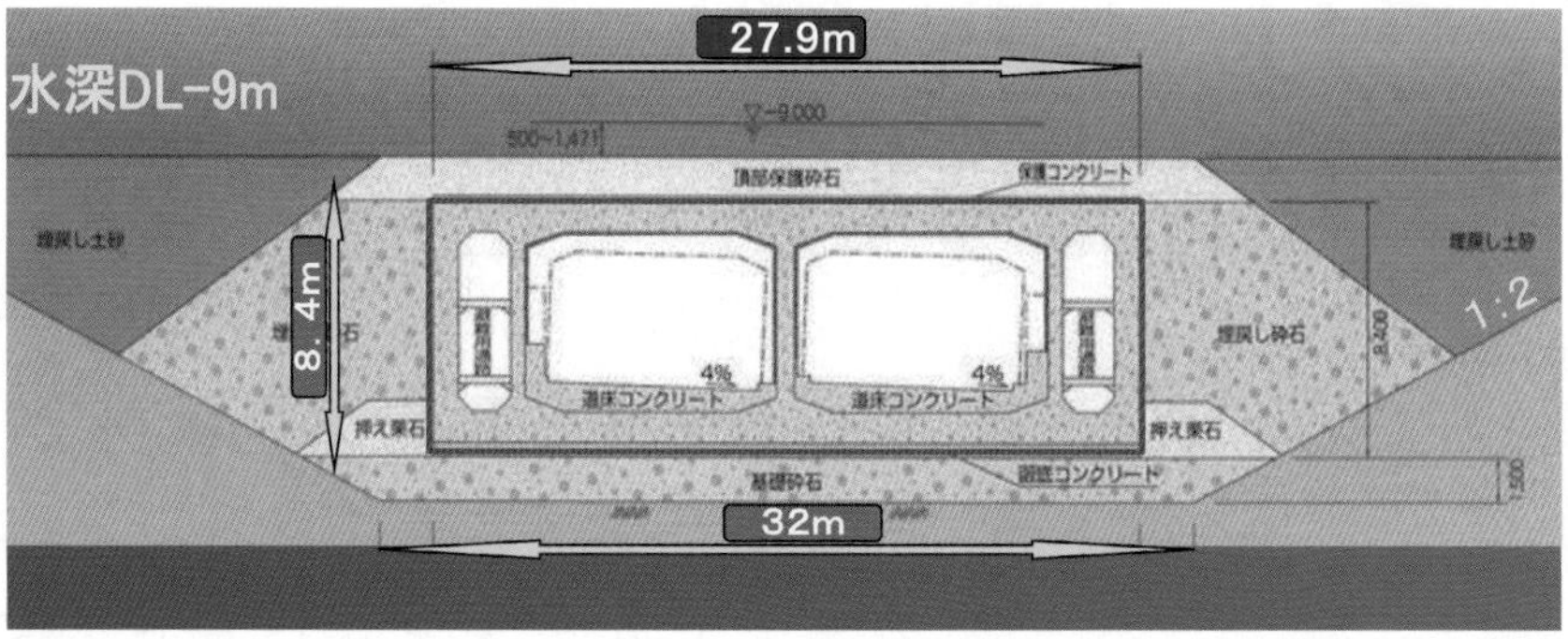

沈埋トンネル区間
557m

沈埋トンネルを作った理由

沈埋トンネル方式は、シールドトンネル方式、橋梁方式と比較して陸上部の延長を短くすることができるというメリットにより選択されました。シールドは海底の深いところを掘削することからトンネルの勾配をなだらかにするためには遠くから掘り始めなければなりません。また橋梁は、大きい船が下を通過するため、橋桁を高くしなければならず、やはり緩やかな勾配にするためには取り付け部分が長くなるのです。

沈埋トンネル

沈埋トンネルは海底面を床掘し、あらかじめ工場で製作した沈埋函を並べて接合し、トンネルを構築するものです。

北九州まで海上輸送される2号函

大分市の工場で製作した沈埋函は、工事現場まで船で運ばれました！

サッカーコート約半分と同じ大きさ！

沈埋トンネル区間は沈埋函7函で構成されており、沈埋函1函の長さは約80mです。最も大きい沈埋函は、長さ106m幅27.9mとサッカーコートの約半分の大きさです。

海底トンネルは地上で作られている！

4号函 鋼殻大組立《こうかくおおくみたて》状況（愛知県知多市にて）
中央が非常駐車帯拡幅部

旧料金所の橋梁

50mを超える幅員！

若戸トンネルの旧料金所部分にあたる橋梁は、幅は広いところで50mを超えています。新若戸道路では最大となるメタル（鋼）製の連続橋です。

since 1916
新たな折尾駅へ。
折尾地区総合整備事業

住みやすく、魅力的で、にぎわいのあるまちづくり

折尾地区では、「学園都市や学術研究都市の玄関口」にふさわしい地域拠点として再構築するため、折尾駅周辺の鹿児島本線、筑豊本線、福北ゆたか線（短絡線）の３つの鉄道においてトンネル化や高架化を進める連続立体交差事業、道路の拡幅や新設を進める街路事業、不整形な土地を再配置し、宅地整備や道路の整備を進める土地区画整理事業を一体的に実施する「折尾地区総合整備事業」を進めています。

このうち、連続立体交差事業の進捗に伴い、令和３年１月に折尾駅が新しい姿となってオープンし、令和４年３月には、鉄道全線の高架化が完了しました。また、令和４年５月には鉄道の高架化によって生まれた高架下の新しい空間に、オリオンテラスがオープンし、令和５年４月には北側駅前広場が完成、同年９月には高架下商業施設「えきマチ１丁目折尾」が開業するなど、徐々に新しいまちの形が整いつつあります。

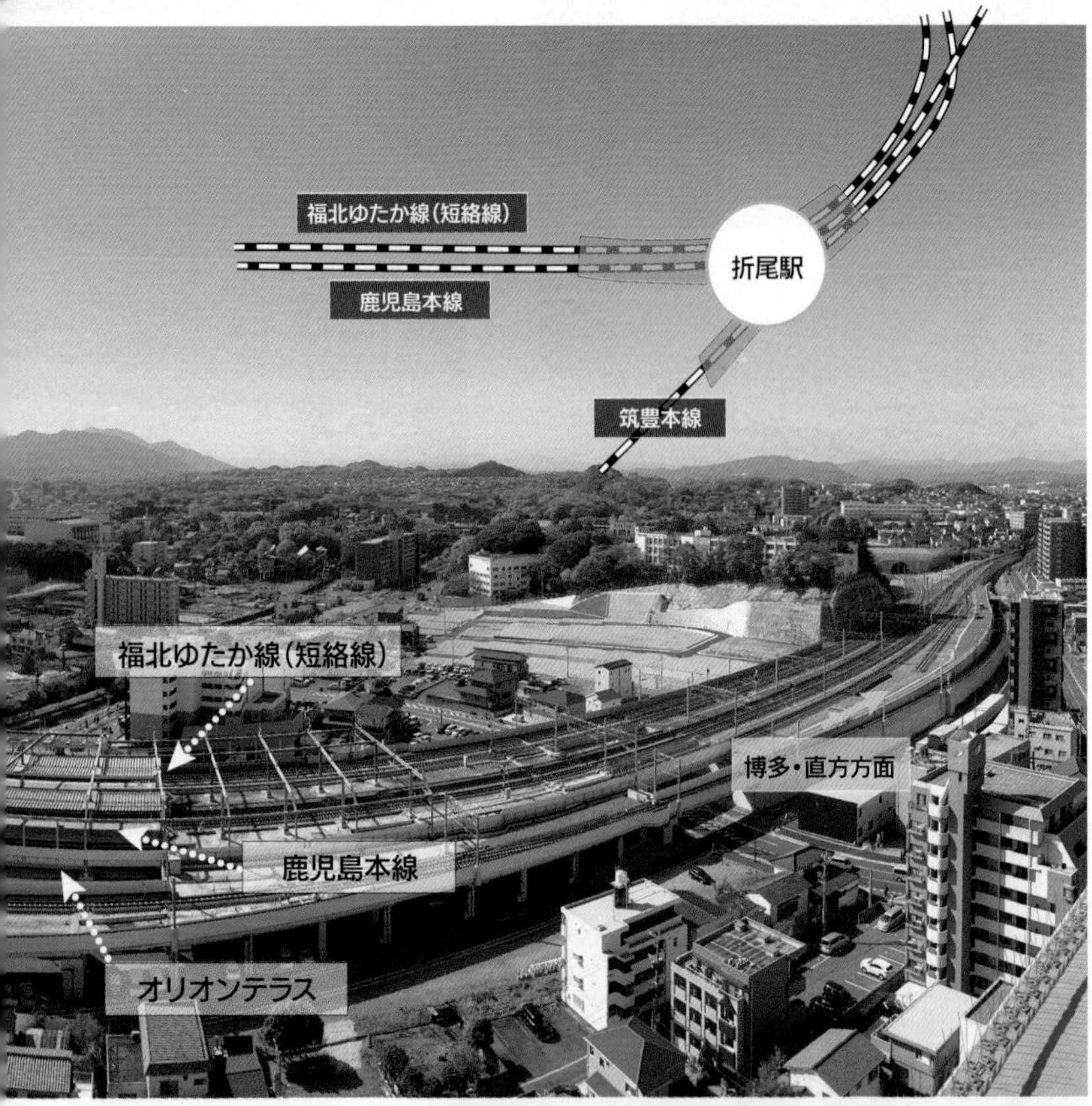

折尾地区総合整備事業
〔施設完成時期／
事業完了年度：令和10年度〕
☎ 093-602-3108
問 建築都市局　折尾総合整備事務所
所 折尾駅周辺
見 可

旧折尾駅舎

大正5年 当時の駅舎を再現した「新折尾駅舎」

折尾駅舎の外観は、大正5年当時の駅舎の外観を可能な限り再現しました。また、駅舎内の待合室は、旧駅舎の待合室をイメージしたものとし、格子天井、開口部廻りの装飾、化粧柱、円形ベンチなどシンボル的な部材を活用、復元しました。

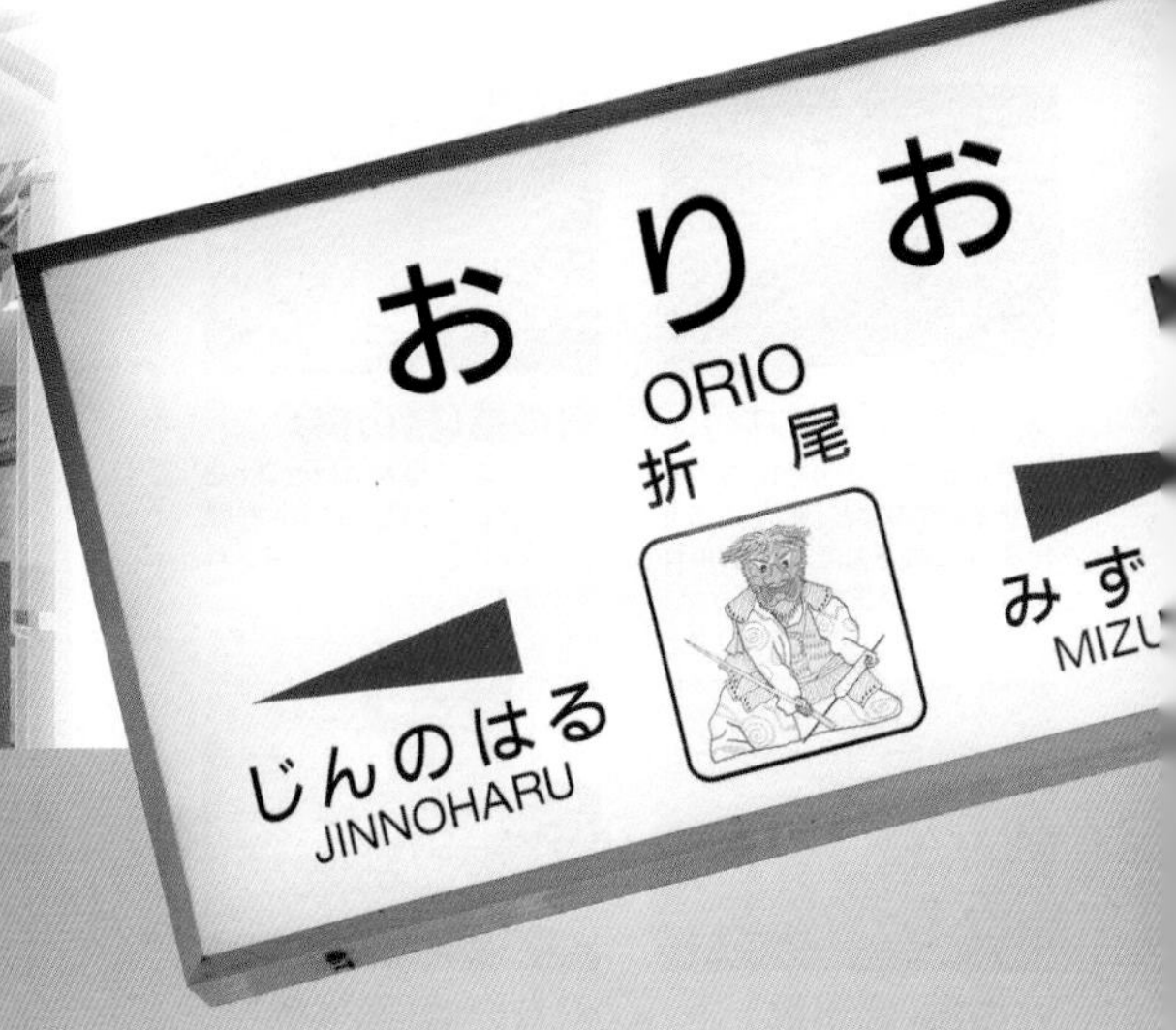

オリオンテラス

オリオンテラスは、折尾地区のまちづくりの記憶を継承できる展示室、地域住民等がまちづくり活動に利用できる会議室、子育て世代や学生等も気軽に滞在できるフリースペースからなる「折尾まちづくり記念館」と事業により移転した八幡図書館折尾分館を折尾駅の高架下に合築した施設です。

日本初の立体交差駅

折尾駅は、明治28年に九州鉄道（現在の鹿児島本線）と筑豊興業鉄道（現在の筑豊本線）の共同の折尾駅が完成し、日本で初めての立体交差駅が誕生しました。

旧駅構内は、乗り継ぎの際に、階段の昇り降りを行ってから、煩雑な地下通路や駅改札口の外を通らなければならず、とても複雑で使いづらいものでした。

連続立体交差事業に伴い、駅の改札口は一箇所に集約され、駅構内にバリアフリー施設（エレベーター、エスカレーター）等が整備され、スムーズな乗り換えが可能となり、誰もが利用しやすい駅となりました。

立体交差駅の歴史の伝承

駅構内（改札内）には、日本初の立体交差が折尾にあったことを後世に伝えるため、旧鹿児島本線と旧筑豊本線のレール跡の表示や実際に駅で使用されていたレール等の軌道部材、工事着手前の折尾駅周辺の航空写真を展示しています。

工事着手前の折尾駅周辺の航空写真

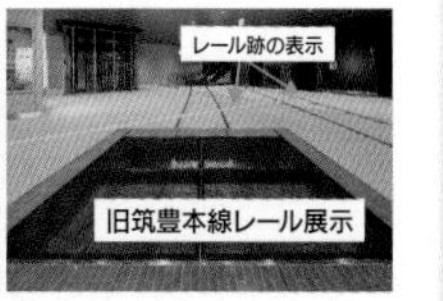

旧筑豊本線レール展示

円形ベンチと化粧柱

駅構内（改札外）には、円形ベンチが2つありました。新駅舎のベンチは再利用できる部材を可能な限り再利用しており、旧駅舎の解体時に残っていなかった右側のベンチは再現し設置しました。なお、旧駅舎の古い化粧柱はよく見ると曲がっています。

化粧柱と円形ベンチを再現

紫川マイタウン・マイリバー整備事業

これまで多くの賞を受賞しています。

手づくり郷土賞 受賞

土木学会技術賞 受賞

都市景観 大賞受賞（美しいまちなみ大賞）

水景都市

紫川10橋 自然をモチーフにしたシンボルブリッジ

1 海の橋（紫川大橋）

海に最も近く、街路灯は船のマスト、橋脚は船の舳先（へさき）をイメージした曲線の優雅な橋。

2 火の橋（室町大橋）

鵜飼いの漁り火をモチーフとして、欄干は波を表現し、見る角度や歩く速さによって表情の微妙な変化が楽しめます。

3 木の橋（常盤橋）

天然木だけで組み立てられ、欄干の擬宝珠（ぎぼし）は270年前のものを復元しています。

4 石の橋（勝山橋）

小倉城の石垣をコンセプトとした石畳の歩道には、小倉織が水面に漂うさまが表現されています。

5 水鳥の橋（鷗外橋）

鷗（かもめ）をデザインしたユニークな歩行者専用橋です。

6 月の橋（紫川1号管理橋）

小倉の昔と今を代表する小倉城と市庁舎を同時に見ることができる場所です。

7 太陽の橋（中の橋）

欄干は市を取り囲む山並みをデザインするなど、北九州市を代表する橋としてシンボル性を持たせています。

8 鉄の橋（紫川橋）

「旧通称:陸軍橋」「鉄の街・北九州」をキーワードに、鉄の持つ豪快さ、柔らかさ、繊細さなどを表現したデザインです。

9 風の橋（中島橋）

橋としての機能性と人を引きつけるアート性を同時に追求しています。

10 音の橋（豊後橋）

楽器のハープを連想させるデザインです。江戸時代には、常盤橋とこの豊後橋しかありませんでした。

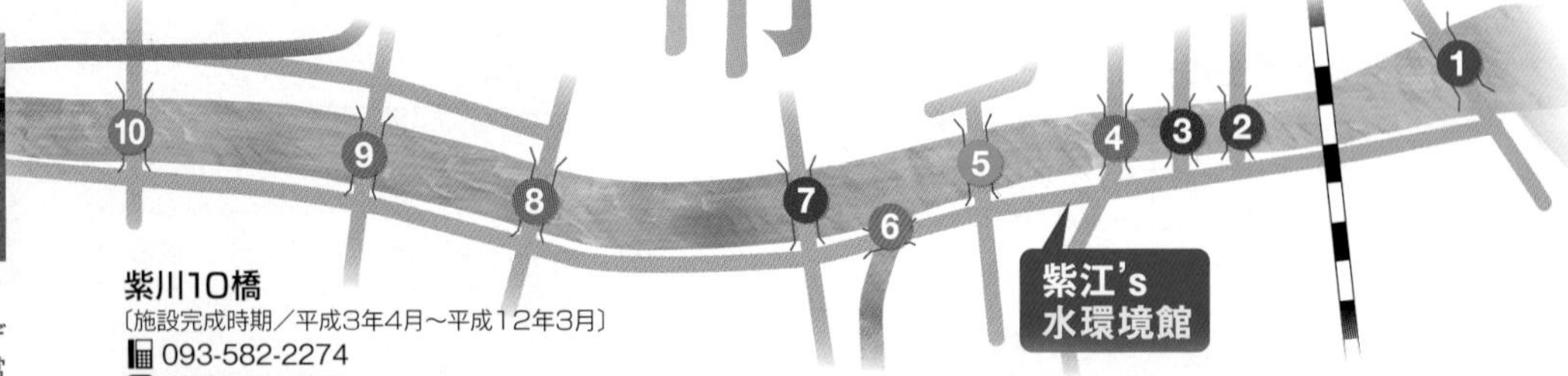

紫川10橋
〔施設完成時期／平成3年4月～平成12年3月〕
☎ 093-582-2274
問 建設局道路維持課
所 小倉北区城内ほか 見 可 P 無 時 随時

川から始まるまちづくり

紫川をシンボルとした魅力ある都市空間をつくるため、治水を目的とした河川改修だけでなく、周辺の公園や道路、市街地などが一体的に整備され、水辺を活かした安全で快適なまちづくりが実現しました。川沿いの景観・回遊性が高まり、1年を通じて多くの人々で賑わっています。

↑洲浜ひろば

↑人工の滝

川と一体となった市街地整備!

担当者から 豆知識

市民参加の計画づくり

市民に親しまれ愛される川とまちをつくることを目的に市民アイデアを募集したところ、6歳から83歳まで総数453点の応募がありました。そのアイデアは最大限計画に盛り込まれ、洲浜ひろばや人工の滝、水環境館が現実のものになっています。

紫川マイタウン・マイリバー整備事業〔施設完成時期／平成2年度～平成26年度〕
☎ 093-582-2502 問 建築都市局都市再生推進部都市再生企画課
HP https://www.city.kitakyushu.lg.jp/ken-to/file_0135.html
所 小倉北区　紫川河口～貴船橋付近 見 可 P 無 時 随時 休 無 ¥ 無料

紫川親水広場

紫川親水広場は、完成から20年以上が経過し、紫川周辺の更なる魅力向上と利活用の促進を図るため、再整備を実施しました。電源の設置や、スロープの整備により様々なイベントに対応できます。

担当者から豆知識

夜間照明

全長50mにわたる噴水は夜、照明により水際を演出しています。プログラムで自動運用しており、色や高さが変化していくので、通るたびに異なる景色が見られます。運が良ければ、虹色の噴水がみられることも！

紫川親水広場
〔施設完成時期／令和3年7月〕
☎ 093-582-2491 問 建設局河川部水環境課
HP https://www.city.kitakyushu.lg.jp/kensetu/05101139.html
所 北九州市小倉北区室町1 見 可 P 無

水環境館
RIVER MUSEUM

紫川の歴史

水槽展示

河川観察窓や大型モニター

水環境館

北九州市の環境の変遷や、治水事業のあゆみについて、楽しく遊びながら学ぶことができる施設です。紫川にすむ生き物を自然界の環境に近づけて飼育展示しています。

水環境館
〔施設完成時期／平成12年7月〕
☎ 093-551-3011 問 水環境館
HP https://www.city.kitakyushu.lg.jp/shisetsu/menu06_0143.html
所 小倉北区船場町1-2 見 可 P 無 時 10:00～19:00
休 毎週火曜日、12月29日～1月3日 ¥ 無料

担当者から豆知識

川が二層に分かれているのはなぜ？

河川観察窓から運が良いと見ることのできる現象です。海水と川の水（淡水）の重さが違うことによって起こるものです。この海水と淡水の境目を「塩水くさび」といい、神秘的なゆらぎを見ることができます。

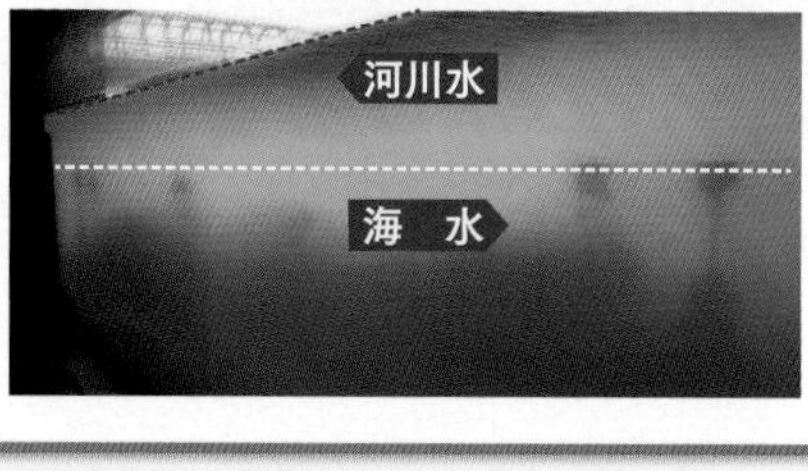

水環境館は中学生のアイデアから誕生

水環境館は市民アイデアの募集により、中学3年生（当時）の「川の中の様子を自分の目で見たい」という提案のもとに生まれました。

北九州市デザインマンホールMAP

蓋を探そう！

北九州のデザインマンホール

2016年度に「官営八幡製鐵所旧本事務所」の世界文化遺産に登録を記念したデザインマンホールを設置して以降、市内各所に47枚設置しています。

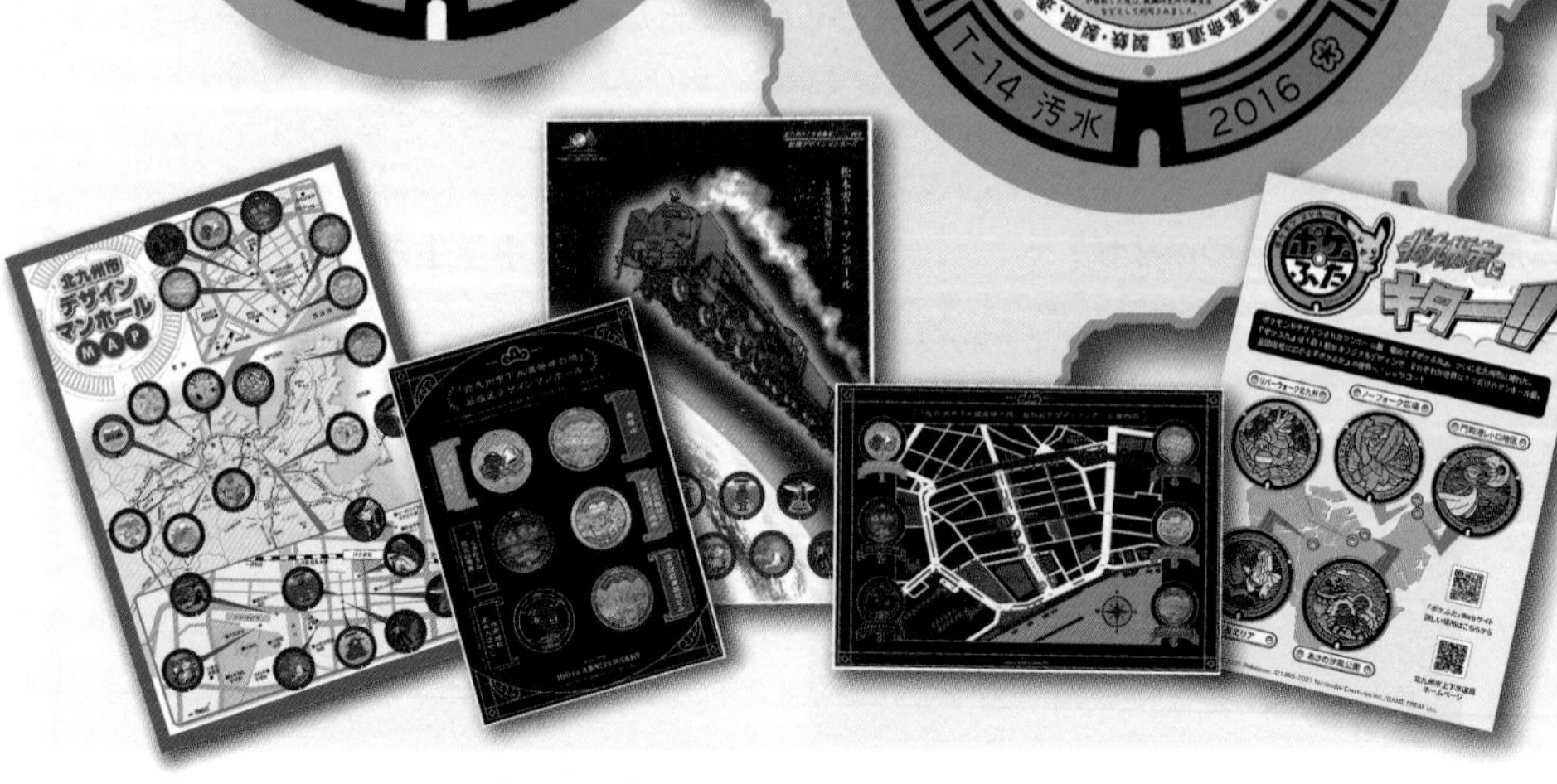

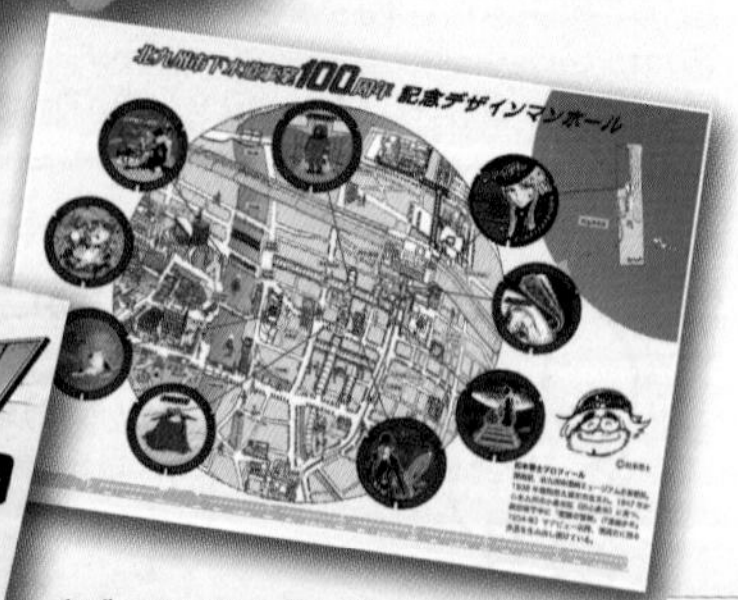

デザインマンホール

☎ 093-582-2426

問 上下水道局下水道部下水道保全課

所 北九州市内 見 可

HP https://www.city.kitakyushu.lg.jp/suidou/s01101007.html

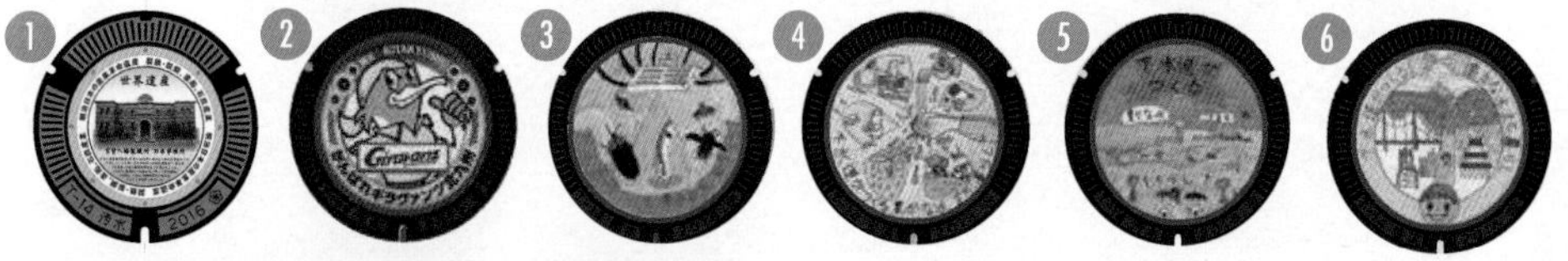

官営八幡製鐵所旧本事務所世界文化遺産登録記念など

世界文化遺産記念

北九州市下水道事業100周年記念デザインマンホール

北九州市下水道100周年

北九州市下水道発祥の地若松地区デザインマンホール

ポケモンマンホール「ポケふた」

災害用マンホールトイレ

大規模地震時などにおいて、避難所のトイレ不足は大きな問題となっています。本市では、避難地でのトイレ機能を確保するため、平成27年度より、北九州市地域防災計画に位置づけられている広域避難地を対象に、各区1箇所以上の災害用マンホールトイレの整備を進めています。

利用を通じたPR

日明浄化センターのビジターセンターへの展示や、「2021世界体操・新体操選手権北九州大会」をはじめとする、さまざまなイベントでの活用を通じ、市民の皆さまに「災害用マンホールトイレ」を実際に利用して頂きながら、周知等に努めています。

災害用マンホールトイレの仕組み

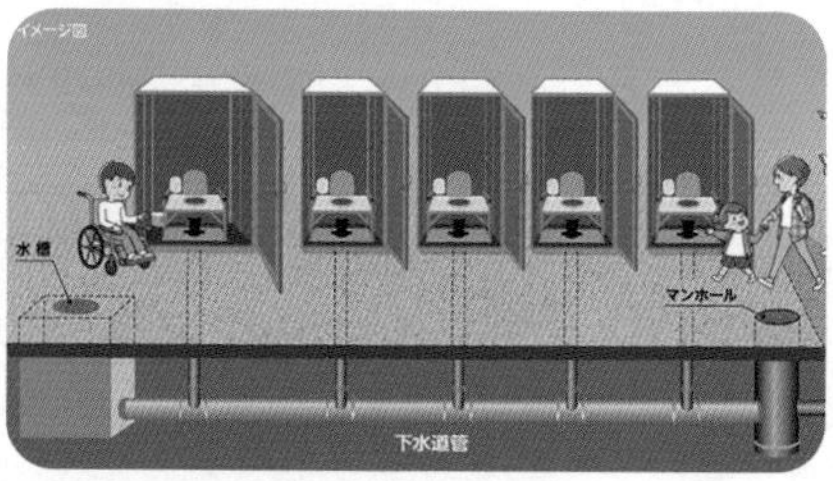

マンホールのふたを開け、上部に組み立て式のトイレを設置し、災害時等に使用します。下水道管につながっており、臭いも少なく、日常使用している水洗トイレに近い環境を迅速に確保できることが特徴です。

担当者から豆知識

整備完了箇所（令和4年度末時点）

勝山公園（小倉北区）、文化記念公園（小倉南区）、高塔山公園（若松区）、高炉台公園（八幡東区）、中央公園（八幡東区）、皇后崎公園（八幡西区）、夜宮公園（戸畑区）

災害用マンホールトイレ

☎ 093-582-2480 問 北九州市上下水道局下水道部下水道計画課
HP https://www.city.kitakyushu.lg.jp/suidou/s01300023.html
見 日明浄化センターにて上部構造のみ展示 ¥ 無 休 土曜日・日曜日・祝日・年末年始
P 有 時 9:00〜12:00　13:00〜17:00

都会のオアシス

勝山公園

勝山公園は北九州市のシンボル公園として位置づけられており、「21世紀の都心のオアシス空間」をテーマに道路、河川、周辺の市街地一帯を整備したものです。

小倉城や小倉城庭園などの観光施設や中央図書館、水環境館などの学びの施設、大芝生広場や紫川親水広場といった遊べる施設などが揃っており、北九州市のにぎわいの拠点として幅広く活用されています。また、防災の役割も担っており、市民にとって欠かせない存在です。

グリーンエコハウス

様々なエコ技術を取り入れた建物で「勝山公園管理事務所」があり、ハウス内は市民の休憩スペースや、ボランティア活動・花の情報発信などの拠点になっています。また、さまざまなイベントもおこなっています。

担当者から豆知識

子供の遊び場

大型遊具は、公園を利用する子どもたちや保護者へのアンケート結果に基づいて決定されました。テーマは「大海原に浮かぶひょうたん島の冒険」です。遊具に仕掛けた担当者しか知らない秘密があるかも?

勝山公園
〔施設完成時期/平成18年3月〕
所 小倉北区城内
見 可
HP https://jokamachi.jp/katsuyama-park/

murasaki river.water

紫江's《しこうず》前 水上ステージ

紫川の上に浮いているウッドデッキ調の浮桟橋です。紫川の河口部は、潮の満ち引き(潮汐)の影響を強く受けるため、最大約1.6 mの潮位変化があり、水上ステージも、約1.6 mの上下を繰り返しています。

①

②

勝山公園大芝生広場横水上ステージ

河川清掃など維持管理時の利用や、カヌーやSUPなど水辺活動の際の利用に加え、民間事業者のイベントも開催できます。

勝山橋太陽光発電ルーフ

「リバーウォーク北九州」と「小倉井筒屋」を結ぶ勝山橋の上に設置された、自然エネルギーの象徴である太陽光年間発電のルーフです。発電する電力は年間およそ22,000kWhで、一般家庭の年間使用電力量の約6軒分に相当します。

発生した電力は、隣接する水環境館で利用され、施設の使用電力の約1割を賄っています。

勝山橋太陽光発電ルーフ
〔施設完成時期/平成22年3月〕
☎ 093-582-2238
問 環境局グリーン成長推進部再生可能エネルギー導入推進課
所 小倉北区室町1(勝山公園 勝山橋)
見 可 P 無 時 いつでも 休 無 ¥ 無

①勝山公園大芝生広場横水上ステージ
②カヌー艇庫
〔施設完成時期/平成18年3月〕
☎ 093-582-2491 問 建設局河川部水環境課
所 小倉北区城内3 見 可 P 無

紫江's前 水上ステージ
〔施設完成時期/平成12年11月〕
☎ 093-582-2491 問 建設局河川部水環境課
所 小倉北区船場町1-2 休 無 時 いつでも

まちづくりを再発見できる
DOBOKU

環境を学ぼう

持続可能なまちづくりは
調和のとれた未来を築く鍵です。

REUSE

Hiagari Sewage Treatment Plant

地域のエネルギー再生拠点

北九州最大の下水処理場
日明《ひあがり》浄化センター

日明浄化センターは、小倉北区北部の海沿いに位置し、小倉北区、戸畑区の大部分、小倉南区、八幡東区の一部を処理区域とする、北九州市最大の下水処理場です。その処理能力は1日で約26万トンもの規模になり、これは小学校のプールのおよそ1，250杯分に相当します。

高度経済成長に伴う産業の発達によって、川や海が汚染され、洞海湾が「死の海」ともよばれていた昭和45年に運転を開始しました。日明浄化センターをはじめとした下水道の整備、普及、そして市民の努力により、今では見違えるほどきれいになり、現在の北九州市は、環境未来都市として、日本、そして世界をリードする環境都市になっています。

日明浄化センター
〔施設完成時期／昭和45年4月〕
☎ 093-581-5670
HP https://www.city.kitakyushu.lg.jp/suidou/s01300023.html
所 小倉北区西港町96-3
見 可（要予約） P 有（要予約）
休 土・日・祝日・年末年始 ¥ 無料
時 9:00〜12:00、13:00〜17:00

昭和35年の洞海湾

平成24年の洞海湾

浄化センターが取り組む

再生と教育の活動

浄化センターでは、下水道資源の有効活用や下水道・環境教育の活動に取り組んでいます。

① バイオガス発電設備

下水汚泥を処理する過程で発生するメタンガスを燃料とするバイオガス発電設備は、容量１５０ｋＷ（25ｋＷ×６台）で年間およそ１，１００ＭＷｈの発電が見込まれます。

小型ではありますが、パワフルな発電設備です。

② ビジターセンター

北九州市の巨大ジオラマとプロジェクションマッピング技術を用いたジオラマシアターや、1時間73ミリの豪雨を体験できる大雨体験装置などの体験型施設を設置しています。

③ 汚泥燃料化センター

市内4浄化センター（新町・曽根・北湊・皇后崎）の脱水した下水汚泥を原料として燃料化物を製造する施設を設置しています。

④ ホップ栽培の取組

下水再生水等を活用したホップ栽培など、下水道資源を農作物の栽培等に有効利用する取組を進めています。

ホップ

⑤ マンホール広場

２０１８年に北九州市の下水道事業が１００周年を迎えたことを記念して、デザインマンホールを一堂に集めた「マンホール広場」を日明浄化センターに整備しました。

「ギラン」

「北九州下水道事業 100 周年」

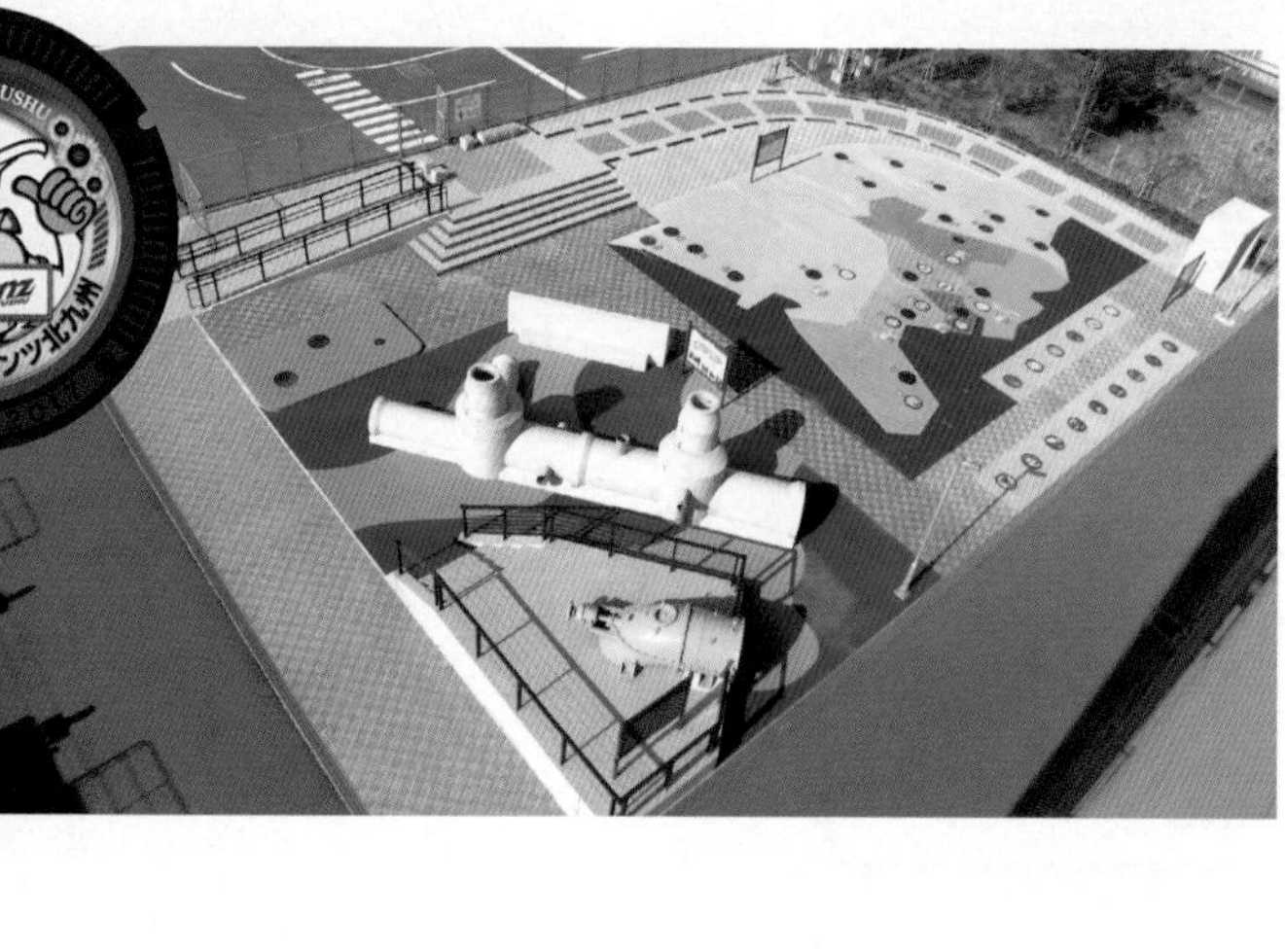

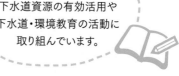

響灘 エリア

HIBIKINADA

広大な土地が広がるエリアでは、環境未来都市北九州にふさわしい様々な取り組みが行われています。自然環境を守り、また自然と共存する仕組みや努力を体験しながら学ぶことが出来る場所です。

映画
ロケ地

響灘北緑地

響灘北緑地は、厳しい潮風から背後地を守るため、高さ5mのマウンドを造成し、そのうえにクロマツを植樹して防風効果を高めています。

響灘北緑地
〔施設完成時期／
（平成22年に完成部分を供用開始）〕
問 港湾空港局港湾整備部整備課
☎ 093-321-5975
所 若松区響町二丁目
見 可 P 76台（供用開始部分）
時 随時 休 無 ¥ 無料

響灘海域を眺望できるスポット
響灘の雄大な海原が一望でき、夕暮れ時には海に沈む夕日がとてもきれいに見えます。良好な景観からドラマロケにも使用されました。

響灘南緑地

響灘南緑地は、隣接する響灘ビオトープの生物を保全するための周辺工業地域との緩衝緑地帯及び市民が憩える親水施設として整備を行っています。響灘ビオトープと一体となった植栽環境を創出しており、響灘水路での魚釣りも可能な遊歩道緑地となっています。

響灘南緑地
問 港湾空港局
港湾整備部整備課
☎ 093-321-5975
所 若松区響町二丁目
見 可
P 有（約23台）
時 随時
休 無
¥ 無料

日本最大級 41haのビオトープ

800種の動植物

北九州市響灘ビオトープ

響灘ビオトープは、響灘地区の廃棄物処分場跡地に位置する日本最大級の広さ41haのビオトープで、園内では800種の動植物が確認されています。環境省の定める「重要湿地」にも指定されており、自然とふれあいながら生物多様性の重要性や生態系の仕組みを学べる場所となっています。

ビオトープとは、「ｂｉｏ（生命）」と「ｔｏｐｏｓ（場所）」を合成したドイツ語で、「生物の生息空間」のことです。

福岡県で見られるのはここだけ!?「チュウヒ」「ベッコウトンボ」

園内では、「絶滅のおそれのある野生動植物の種の保存に関する法律（種の保存法）」に基づき「国内希少野生動植物」に指定されている「チュウヒ」や「ベッコウトンボ」も確認されています。

チュウヒの「ひびちゅ」とベッコウトンボの「べっち」は響灘ビオトープの公式マスコットキャラクターです。

日本最小のネズミ「カヤネズミ」

カヤネズミは、大人の親指くらいの大きさのネズミで、福岡県の絶滅危惧種にも指定されています。小さな体でススキなどの葉を上手に編み、直径10㎝程の球形の巣を作ります。施設内では飼育も行っていますので、いつでも観察できます。

北九州市響灘ビオトープ
〔施設完成時期／平成24年10月〕
問 北九州市響灘ビオトープ
☎ 093-751-2023
HP http://www.hibikinadabiotope.com/
所 若松区響町一丁目
見 可
P 有
時 9:00〜17:00（入園は16:30まで）
休 火曜日（祝日の場合は翌日）
¥ 一般100円、団体（30名以上）70円、中学生以下無料

エコタウンセンター

KITAKYUSHU ECO TOWN CENTER

北九州市エコタウンセンターは北九州エコタウンの"玄関口"です。

エコタウン事業を生きた教材として活用する環境学習拠点として、またエコタウン事業を総合的に支援する中核的施設として、平成13年6月に開設されました。

エコタウン事業の取り組みや市内の環境関連企業を紹介したパネル展示などを見ることが出来ます。

次世代エネルギーパークを併設!

自然エネルギー・バイオマスエネルギーのほか、企業間連携や革新技術の研究など、様々なエネルギー活用の取組みを紹介しています。

北九州市エコタウンセンター〔施設完成時期／平成13年6月〕
問 環境局環境グリーン成長推進部イノベーション支援課
☎ 093-582-2630
HP https://www.kitaq-ecotown.com/tour/
所 若松区向洋町10番地20
見 可（リサイクル工場の見学は要予約）
※エコタウンセンターのみの見学は予約不要
P 有（約30台）　時 9:00〜17:00
休 日曜日・祝日・年末年始（12月29日〜1月3日）
¥ リサイクル工場の見学ツアーに参加する場合、
資料代：大人（高校生以上）100円、子ども50円
（但し、北九州市在住、通勤、通学する方は無料）※館内の入場のみは無料

担当者から豆知識

エコタウン事業

廃棄物（ごみ）をリサイクルして次の新しい製品の原料として利用できるようにし、限りある資源やエネルギーを大切にくり返し使う社会「資源循環型社会」を目指すまちづくりのことです。

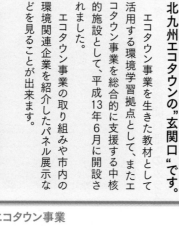

環境に配慮した副都心

黒崎のまちづくり

北九州市の副都心黒崎では、市民、事業者、行政のそれぞれが、エコを実感できるまちづくりに取り組んでいます。都市基盤の整備もこんなに進みました！

黒崎駅前ペデストリアンデッキ

黒崎駅前ペデストリアンデッキは、建設（１９８４年）から約30年が経過したため、補強や修繕などの長寿命化工事に合わせて、環境に配慮した景観設備が行われています。LED照明で、季節やイベントに合わせた様々な色でまちを演出します。また、ベンチと一体型のフラワーポット設置による緑化などに取り組んでいます。

タイル舗装

「ふれあい通りとの一体感」や「環境に配慮した資材利用」の観点からピンク、グレーのリサイクルタイルを採用しています。デザインは、こうし柄を基本として、一部に大きさの異なるタイルを用いることで、シンプルな中にも表情の変化やリズムを付けるように工夫されています。

タイル舗装

緑化
緑が豊かなまちづくりを行っています。

東側開口部へのガラスブロックの設置

ペデストリアンデッキにあった東側の丸型の開口部は、採光機能を保ち、落下物を防止するためにガラスブロックでふさがれました。デッキを広く活用できるようになり、また夜間ガラスブロック部には、間接照明が点灯する景観演出が行われます。

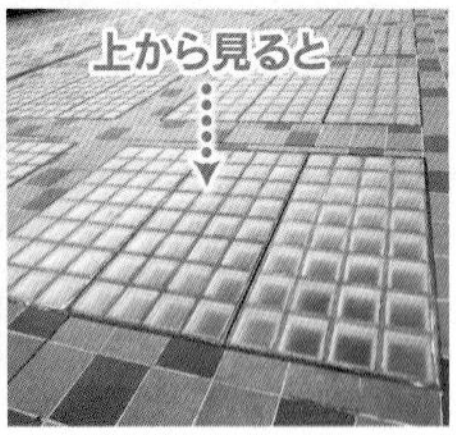

LED
夏は涼しさを演出するために「青色」の間接照明が、冬は暖かみのある暖色系の「オレンジ色」が使用されています。見た目で温度の感じ方も違うんですよ！

黒崎駅前ペデストリアンデッキ
〔施設完成時期／平成26年度〕
☎ 093-642-5411
問 建設局西部整備事務所
所 八幡西区黒崎三丁目　見 可

黒崎駅前線（ふれあい通り）

人々が躍動し集う環境にやさしい都市空間

副都心黒崎のシンボルロードとして黒崎祇園のメイン会場としても活用される等、ゆとりある歩行空間を備えた道路です。

黒崎駅前線（ふれあい通り）
〔施設完成時期／平成24年6月〕
☎ 093-582-2191
問 建設局道路部街路課
所 八幡西区黒崎二丁目～熊手二丁目
交 JR黒崎駅から徒歩約3分
見 可 P 無

撥川《ばちがわ》河川再生事業

平成7年度に建設省（現国土交通省）により国庫補助事業として河川再生事業が制度化され、その第1号として、東京の渋谷川、大阪の道頓堀川とともに、副都心黒崎を流れる撥川が選ばれました。

市民参加による計画作りが行われ、再生へ向け熱い思いを抱く人々が「撥川ルネッサンス計画」を策定し、整備されました。

撥川（河川再生事業）
〔施設完成時期／平成18年3月〕
☎ 093-582-2491
問 建設局河川部水環境課
HP https://www.city.kitakyushu.lg.jp/kensetu/05100115.html
所 八幡西区岸の浦一丁目～西鳴水一丁目
見 可 P 無

城山《しろやま》緑地

2020年オリンピック・パラリンピック競技大会の事前キャンプが行われたアーチェリー場や遊具広場などが整備された、多目的に利用できる公園です。

城山緑地
☎ 093-582-2466
問 建設局公園緑地部緑政課
所 八幡西区屋敷一丁目ほか
見 可 P 有
HP https://www.city.kitakyushu.lg.jp/kensetu/05900131.html

曲里《まがり》の松並木公園

黒崎副都心の文化・交流拠点地区の広場として、黒崎ひびしんホールおよび市立八幡西図書館の前面に配置された公園で、全面に芝生が整備されています。

曲里の松並木公園
☎ 093-582-2464
問 建設局公園緑地部公園管理課
所 八幡西区岸の浦二丁目
見 可
P 無

ここがすごいぞ北九州!!

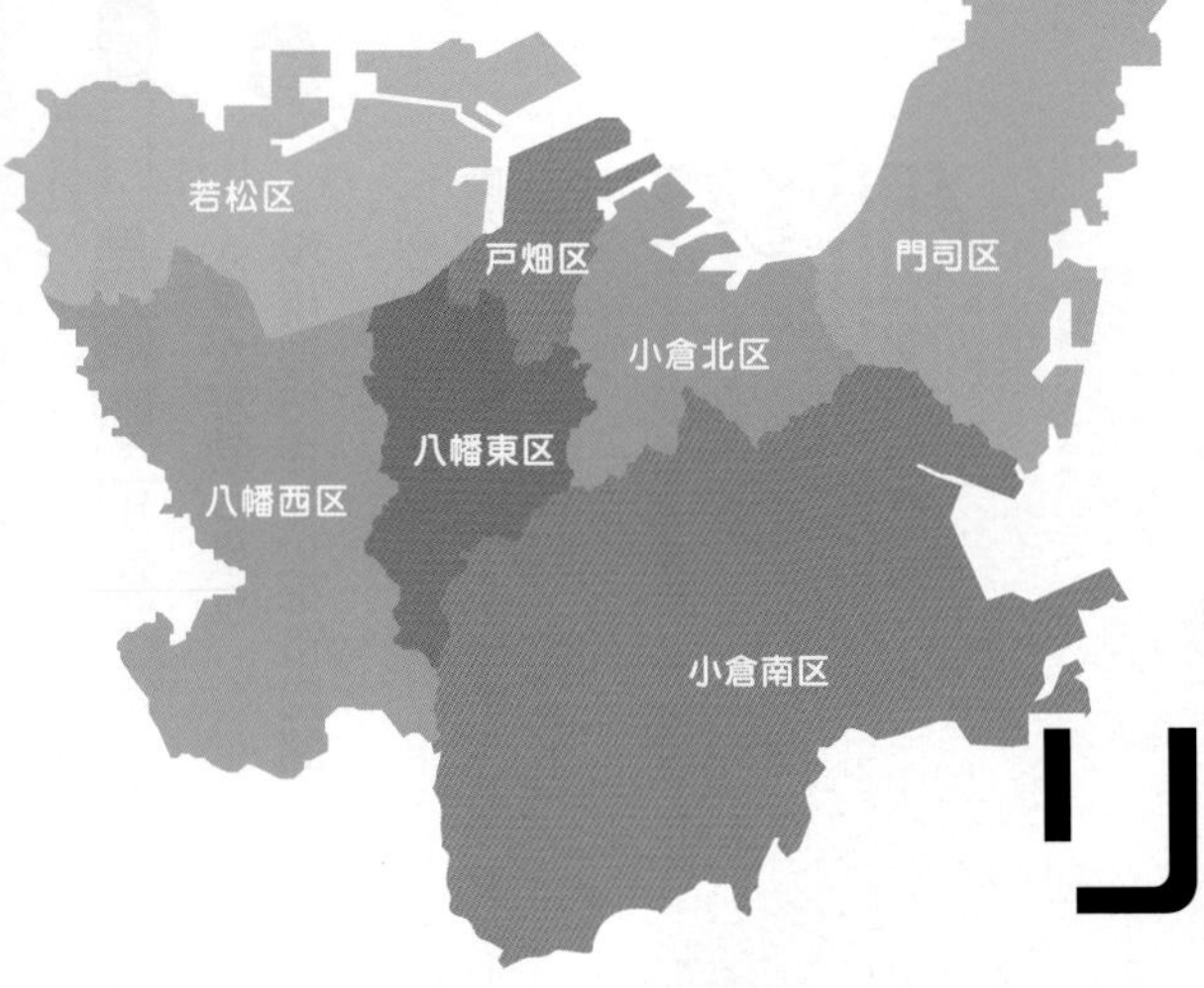

暮らしを支えると共に
環境配慮・資源の有効利用
エネルギー活用など北九州ならではの
取組があります。

ごみ処理＆リサイクル施設

日明《ひあがり》工場

1日あたりのごみ処理量 **600t**

発電能力 **6,000kW**

北九州市の中央部に位置するごみ焼却工場です。建設当時、最新の技術で建設された工場で、システムの自動化(ごみの計量、ごみクレーン、焼却炉の運転などが、コンピュータ制御により自動化されました)や、充実した公害対策装置、発生した熱エネルギーによる発電装置などが設置されています。北九州市中央卸売市場の近くにある工場の煙突が目印です。

〔施設完成時期／平成3年3月〕
- ☎ 093-581-7976
- 問 環境局循環社会推進部日明工場
- 所 小倉北区西港町96番地の2
- HP https://www.city.kitakyushu.lg.jp/kankyou/file_0488.html

新門司《しんもじ》工場

1日あたりのごみ処理量 **720t**

発電能力 **23,500kW**

環境への配慮、資源の有効利用、エネルギーの活用をテーマにつくられた新しいごみ処理施設です。ごみを溶融して処理する溶融炉を採用し、焼却後のごみも資源化利用することで、"21世紀における循環型社会のモデル都市づくりをめざす"北九州市の大切な役割を担う施設として、市民の暮らしを支えています。新門司工場は北九州空港の対岸に位置していて、北九州空港連絡橋や、航空機の離発着時の様子が見えることもあります。

〔施設完成時期／平成19年3月〕
- ☎ 093-481-4727
- 問 環境局循環社会推進部新門司工場
- 所 門司区新門司三丁目79番地
- 見 可(要予約)
- P 有
- 時 8:00〜17:00
- 休 土・日・祝・年末年始
- ¥ 無料
- HP https://www.city.kitakyushu.lg.jp/kankyou/file_0487.html

Recycle

日明《ひあがり》かんびん資源化センター

日明かんびん資源化センターでは、市内で回収された、かん、びん、ペットボトルを選別しています。併設の紙パック・トレー保管施設では、拠点回収された、紙パックの保管、発泡スチロール製食品用トレーの選別も行っています。

選別された、かん、びんなどはリサイクル事業者に引き渡され、かん、びんは再びかん、びんの原料などとして、ペットボトルは衣料品の原料などに、紙パックは再生紙やトイレットペーパーの原料として、食品用トレーはプラスチックの原料や建築資材としてリサイクルされます。

アルミ選別機
磁石を高速回転させて発生する渦電流により、アルミを弾き飛ばして回収します。

〔施設完成時期／令和3年3月〕
- ☎ 093-582-2184
- 問 環境局循環社会推進部施設課
- 所 小倉北区西港町97番地の3
- 見 可(要予約)
- P 普通車2台
- 時 9:00〜15:00
- 休 水・土・日・祝・年末年始
- ¥ 無料
- HP https://www.city.kitakyushu.lg.jp/kankyou/file_0491.html

皇后崎《こうがさき》工場

1日あたりのごみ処理量 **810t**

発電能力 **17,200kW**

「私たちの大切な環境を脅かすようではいけない」という思いから建設されました。発電機能は、大規模改修時に高効率蒸気タービンを導入したことにより、従来の蒸気タービンよりも高い効率での発電が可能で、地球温暖化の原因となる二酸化炭素の排出を抑制しています。ごみ焼却時の排ガスも、ろ過式集じん器「バグフィルタ」を採用し、ダイオキシンなどの発生を押さえています。北九州市の豊かな環境づくりのために貢献しています。

〔施設完成時期／平成10年6月〕
- ☎ 093-642-6731
- 問 環境局循環社会推進部皇后崎工場
- 所 八幡西区夕原町2番1号
- 見 可(要予約) P 有
- 時 8:00〜17:00
- 休 土・日・祝・年末年始
- ¥ 無料
- HP https://www.city.kitakyushu.lg.jp/kankyou/file_0489.html

リサイクルポート岸壁のメリット

❶幅広い種類の産業廃棄物が取り扱える。
❷産業廃棄物でも直置きや保管ができる。
❸利用者は囲いや汚水貯留槽などを自ら設営する必要がない。
❹北九州エコタウンが近く、陸送コストが抑えられる。

環境モデル都市として 持続可能な都市のモデルに向けて

本城《ほんじょう》かんびん資源化センター

本城かんびん資源化センターでは、市内で回収された、かん、びん、ペットボトルを選別しています。併設の紙パック・トレー保管施設では、拠点回収された、紙パックの保管、発泡スチロール製食品用トレーの選別も行なっています。選別された、かん、びん、ペットボトルなどは、リサイクル事業者に引き渡され、再び、かん、びん、ペットボトルの原料などとして、紙パックは再生紙やトイレットペーパーの原料として、食品用トレーはプラスチックの原料や建築資材としてリサイクルされます。

アルミ選別機

高速で回転する永久磁石の働きにより、アルミと残渣を選別しています。アルミ選別機により取り出されたかんは、プレスし成形され再生品として利用されます。

〔施設完成時期／平成9年10月〕
☎ 093-582-2184　問 環境局循環社会推進部施設課
HP https://www.city.kitakyushu.lg.jp/kankyou/file_0492.html
所 八幡西区洞北町7番10号
見 可（要予約）
P バス3台、普通車18台
休 水・土・日・祝・年末年始
¥ 無料　時 9:00～15:30

響灘リサイクルポート岸壁

水深	延長	対象船舶
5.5m	100m	2,000DWT級まで

響灘リサイクルポート岸壁は、産業廃棄物の飛散や漏洩などを防止するためのフェンスや排水施設を有する全国初の公共岸壁です。

北九州港は、全国有数のリサイクル拠点である北九州エコタウン（総合環境コンビナート・響リサイクル団地）と連携し、循環資源を安全かつ効率的に取り扱うことのできる高いポテンシャルを有しています。その可能性が国土交通省に認められ、平成14年5月に「リサイクルポート（総合静脈物流拠点港）」の第1次指定を受けました（現在は北九州港を含め、全国で22港指定）。

響灘リサイクルポート岸壁は、北九州エコタウンでリサイクルされる様々な循環資源の受け入れや、リサイクル製品の積み出しが可能であり、全国のリサイクルポートと循環資源の海上輸送ネットワークを形成し、循環型社会の構築に貢献しています。

〔施設完成時期／平成19年6月〕
☎ 093-321-5967
問 港湾空港局港湾整備部計画課
HP https://www.rppc.jp/port/view/43
所 若松区響町一丁目
見 施設内の見学不可
施設外からの見学は可
（施設の稼働中は原則不可）
時 随時　P 無　¥ 無料
休 施設の稼働中は原則不可

リサイクルポート岸壁の廃棄物処理法対応施設

防塵フェンス、不浸透性舗装、タイヤ洗浄施設、汚水貯留槽など

響灘西地区廃棄物処分場

響灘洋上に整備された管理型の海面埋立処分場です。

焼却工場からの焼却灰や一般家庭からの不燃性のごみなどを埋立処分しています。処分場を囲む護岸は遮水シートを備えており、廃棄物に接触した水が直接外海へ出ることはなく、また、場内の雨水等は排水処理施設で処理し放流しています。

☎ 093-582-2184　問 環境局循環社会推進部施設課
HP https://www.city.kitakyushu.lg.jp/kankyou/file_0494.html
所 若松区響町三丁目地先
見 可（要予約）　P 有　時 8:30～17:00　休 土・日・祝・年末年始　¥ 無料

日明《ひあがり》積出基地

市内東部地区で発生した一般家庭からの不燃性のごみなどを響灘西地区廃棄物処分場へ輸送するための中継基地です。利便性や輸送の効率化、CO_2の排出抑制を図るために、受入れた廃棄物をトラックに積替え輸送しています。

☎ 093-582-2184
問 環境局循環社会推進部施設課
HP https://www.city.kitakyushu.lg.jp/kankyou/file_0494.html
所 小倉北区西港町97番3号
見 不可

東《ひがし》田《だ》土地区画整理事業

八幡製鐵所の遊休地に道路、鉄道、公園などを整備

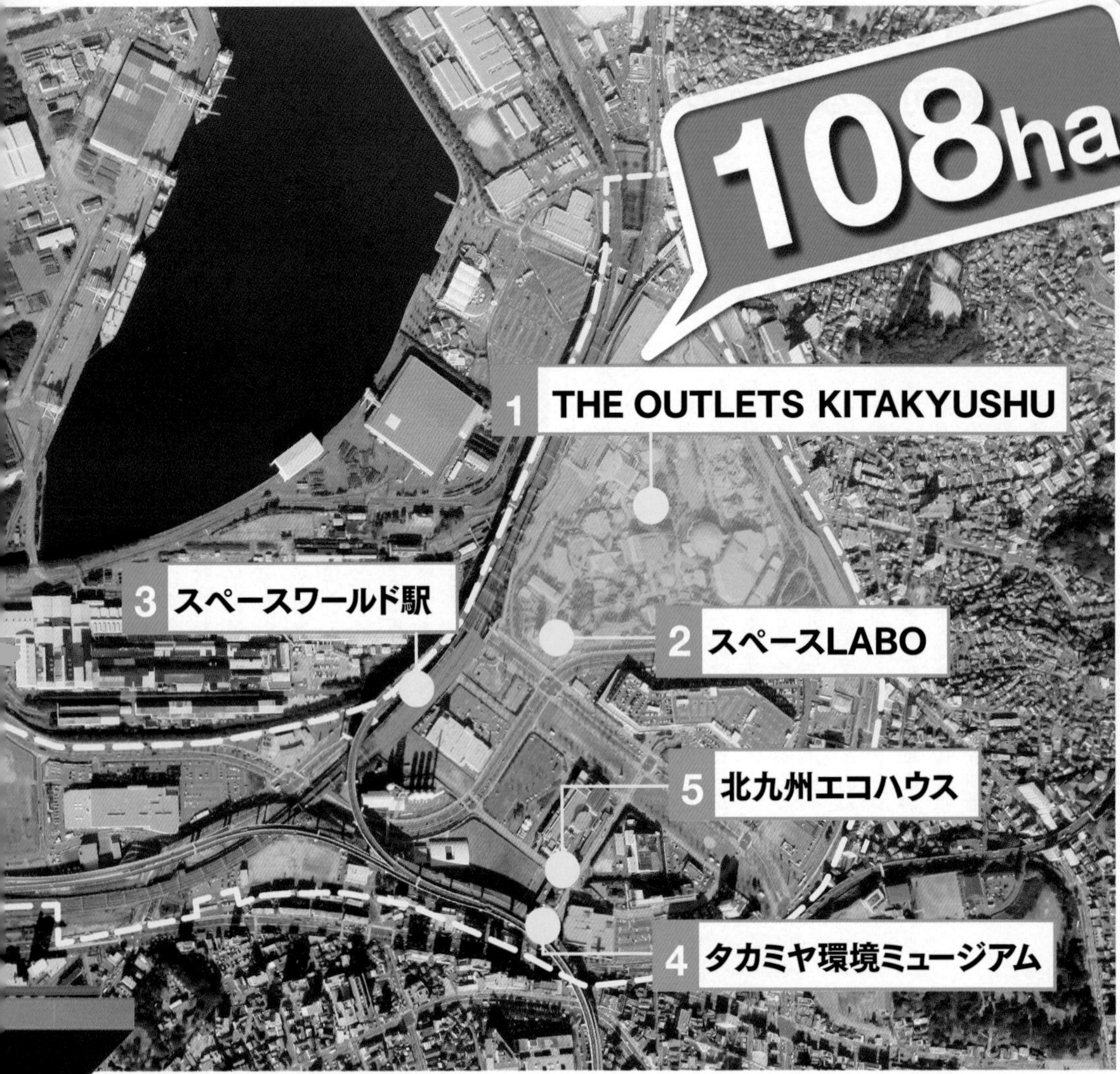

1 THE OUTLETS KITAKYUSHU

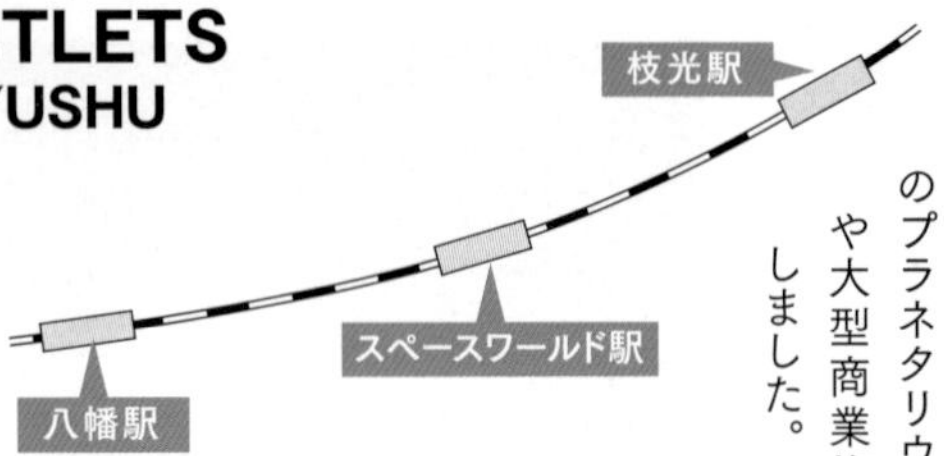

2 スペースLABO《ラボ》

八幡製鐵所の遊休地（約１０８ha）を対象に組合施行による土地区画整理事業を行い、道路、鉄道、公園などを整備しました。ＪＲ鹿児島本線の移設高架化により、枝光駅～八幡駅間は約１km短縮され、中間にスペースワールド駅が新設されました。

東田地区には、いのちのたび博物館をはじめ、集客力のある博物館が集積するほか、世界遺産の官営八幡製鐵所旧本事務所、東田第一高炉跡等、近代製鉄発祥の地を象徴する遺構があります。

また、新たな賑わい拠点として、令和４年４月、国内最大級のプラネタリウムを備えた新科学館（スペースＬＡＢＯ）や大型商業施設（ジ アウトレット北九州）がオープンしました。

東田土地区画整理事業

☎ 093-582-2469
問 建築都市局事業推進課
所 八幡東区東田
見 可（各店舗等には要確認）

見て・触れて学べる

4 タカミヤ環境ミュージアム

環境について、「見て・触れて・楽しみながら学べる」環境学習施設です。

地球温暖化やカーボンニュートラルなどの「地球の未来」や、北九州市の公害克服の歴史、身の回りのエコ活動などについて学習ができます。週末はエコ工作や講座などのイベントも実施しています。

タカミヤ環境ミュージアム
〔施設完成時期／平成13年3月〕
電 093-663-6751
問 タカミヤ環境ミュージアム
所 八幡東区東田二丁目2-6
見 可 P 無
時 9:00～17:00（展示部分。入館は16:30まで）
休 月曜日（祝日の場合は翌日）、年末年始 ¥ 無料

担当者から豆知識

第3ゾーンでは地球温暖化やカーボンニュートラルについて、ていたん＆ブラックていたんと一緒に学ぶことが出来ます。

見て・感じて学べる

5 北九州エコハウス

北九州エコハウスは、家庭から出されるCO_2の排出量を減らすモデルハウスとして建築され、電気や石油の使用による温室効果ガスの排出を減らすなど、ライフスタイルの見直しの参考になる施設です。

北九州エコハウス〔施設完成時期／平成22年3月〕
電 093-663-6751 問 タカミヤ環境ミュージアム
所 八幡東区東田二丁目2-6 見 可 P 無 ¥ 無料
時 9:00～17:00 休 月曜日（祝日の場合は翌日）、年末年始

担当者から豆知識

省エネ型のライフスタイルの提案や東田地区の水素実証のモデルハウスとして活用しています。

3 スペースワールド駅

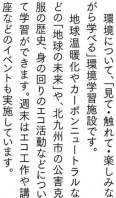

城《じょう》野《の》駅北

土地区画整理事業

城野駅北土地区画整理事業
〔施設完成時期／平成28年3月(まちびらき)〕
☎ 093-941-1170
問 一般社団法人　城野ひとまちネット　所 小倉北区東城野町5番1号
HP https://www.bon-jono.com　見 可

城野ゼロ・カーボン先進街区

北九州市は、平成20年7月に「環境モデル都市」、平成23年12月に「環境未来都市」に選定されました。また、「北九州市環境未来都市計画」において、城野ゼロ・カーボン先進街区の形成がリーディングプロジェクトとして位置づけられ、土地区画整理事業による基盤整備が行われました。

全戸HEMS設置、エネルギーの見える化

全戸にHEMSが設置され、これがCEMSに連携されることで各世帯内でのエネルギーマネジメントだけでなく街区全体でのエネルギーマネジメントが可能な状況になっています。データを見える化することによる啓発や、将来的にはエネルギー融通などのエネルギーマネジメントに活用することが期待されます。

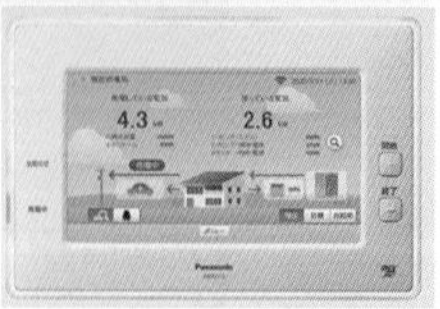

HEMS画面
(家庭用エネルギーマネジメントシステム)

まちづくり基本協定による整備条件の設定

開発に当たっては、まちのゼロ・カーボンを実現させるために「まちづくりガイドライン」にもとづく「整備条件」が設定され、土地取得者がこれに配慮することが基本計画協定の中で求められています。このため、街区で脱炭素型の住宅や設備導入が統一してなされ、CO_2排出量削減を行っています。

タウンマネジメント組織の設置

BONJONOでは、「エネルギーマネジメント」、「グリーンマネジメント」、「タウンセキュリティ」を基本とした活動を行う組織「一般社団法人城野ひとまちネット」が設立され、全街区がタウンマネジメントの参画エリアとなっています。このため、住民及び入居事業者全てがまちづくりに参加する場が多く設けられており、積極的に参画しています。

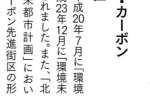

RUN BY BICYCLE

清《せい》張《ちょう》通り

自転車通行空間

北九州市では、環境に優しく経済的で、健康づくりにも繋がる自転車の活用を推進するため、「北九州市自転車活用推進計画」を策定し、自転車通行空間ネットワークの形成、利用しやすい駐輪環境の形成、放置自転車対策の推進、シェアサイクル事業の推進などに取り組んでいます。

「清張通り」は、北九州市で初めて自転車通行帯が整備されたことで、歩行者、自転車、自動車が分離され、安全で快適な空間になりました。

清張通りの自転車通行空間
〔施設完成時期／平成24年〕
📱 093-582-2274
問 建設局道路部道路維持課
見 可

自転車ネットワーク路線

自転車ネットワーク計画路線の選定イメージ

①自転車交通量の多い路線
⑥シェアサイクルのステーションを結ぶ路線

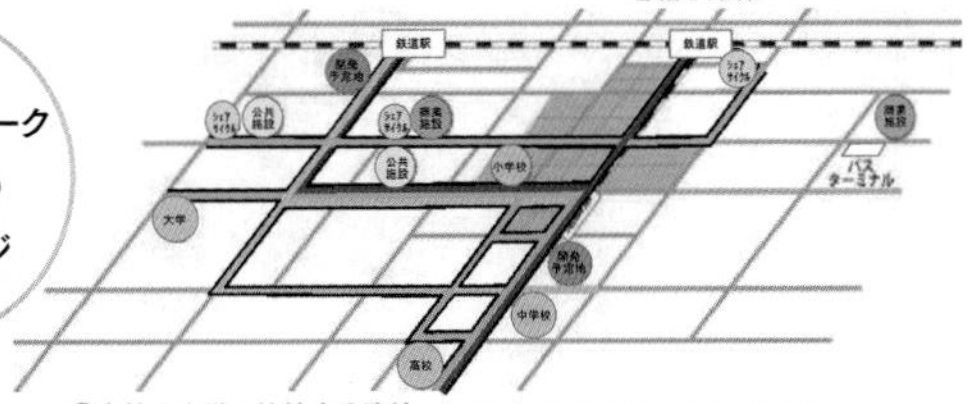

④高校や大学へ接続する路線
⑤自転車利用の増加が見込める、沿道で新たに施設立地が予定されている路線

担当者から豆知識

自転車保険

令和2年10月1日から、自転車利用者等の自転車保険(自転車損害賠償保険等)への加入が義務化されました。万が一、事故を起こしてしまったときに備えて自転車保険に加入しましょう。

シェアサイクル「ミクチャリ」

電動アシスト付き自転車

北九州市では、公共交通の機能補完やまちの回遊性向上、周辺観光の促進を目的に、シェアサイクル事業「ミクチャリ」を実施しています。「ミクチャリ」は全車電動アシスト付き自転車で、スマホ1つで手続きができます。また、多くのステーションでは、24時間いつでも自転車の貸出・返却が可能です。最寄りのステーションで自転車を借りて、勤務先や駅周辺のステーションで返却することもできます。通勤通学、買い物、仕事、観光に、ぜひご利用ください!

シェアサイクル「ミクチャリ」
📱 093-582-2274
問 建設局道路部道路維持課
見 可
HP https://www.city.kitakyushu.lg.jp/kensetu/05500154.html

河《かわ》内《ち》サイクリングセンター

手軽にサイクリング

河内サイクリングセンターでは、自転車の貸出しを行っています。春は桜、秋は紅葉と、季節によって変わる自然の景色を楽しみながらサイクリングができます。また、夏は避暑地としてもおすすめです。

河内サイクリングセンター
📱 093-651-9000
問 建設局道路維持課(093-582-2274)
所 八幡東区大字大蔵2500－34
見 可　P 9台
時【施設開設日】3月～11月:土曜日・日曜日・祝日
春休み・夏休み期間:毎日
【営業時間】10時～16時(7月・8月は9時～17時)
休 上記日程以外
¥【基本使用料(2時間以内)】
一般:300円、中学生:190円、小学生以下:150円
【超過使用料(30分毎)】
一般、中学生、小学生以下:70円
HP https://www.city.kitakyushu.lg.jp/kensetu/file_0320.html
他 自転車貸出台数:約100台(チャイルドシート付:5台、補助輪付子供用:7台)
ヘルメットの貸出しあり(子ども用・大人用)

雄大な眺めをひとりじめ
こんなひとときは
いかがですか？

門司 緑地・護岸

大里《だいり》海岸緑地

関門海峡を往来する 船舶の絶好のビューポイント

大里本町土地区画整理事業にあわせて、国道199号のルートを内陸側に移し、護岸沿いに緑地を確保するなどの再整備が行われました。

水際線には消波ブロックを置かず、消波機能を備えた護岸（波を受ける部分に無数の隙間を作ることで、波のエネルギーを軽減する仕組みの護岸）を設置することで、海への展望が損なわれず、親水性溢れる遊歩道が整備されました。

整備前

整備後

大里海岸緑地
〔施設完成時期／平成19年1月〕
☎ 093-321-5975
（問 港湾空港局港湾整備部整備課）
所 門司区大里本町三丁目
見 可　P 周辺に有料駐車場あり
休 無

Viewpoint

新門司東緑地・新門司北護岸

周防灘の雄大な景色を一望！

新門司東緑地は、背後の立地企業を、周防灘から吹く東風や台風に伴う風浪の影響から守るとともに、多くの市民が周防灘の景観や北九州空港を離着陸する航空機の様子を楽しめる緑地として護岸改良とともに整備されました。

新門司東緑地　新門司北護岸
〔施設完成時期／令和8年完成予定
（平成22年に一部完成部分を供用開始）〕
☎ 093-321-5975（問 港湾空港局港湾整備部整備課）
所 門司区新門司北二～三丁目
HP http://www.kitaqport.or.jp
見 可　P 28台（供用開始部分）
休 無　¥ 無料　時 随時

担当者から
豆知識

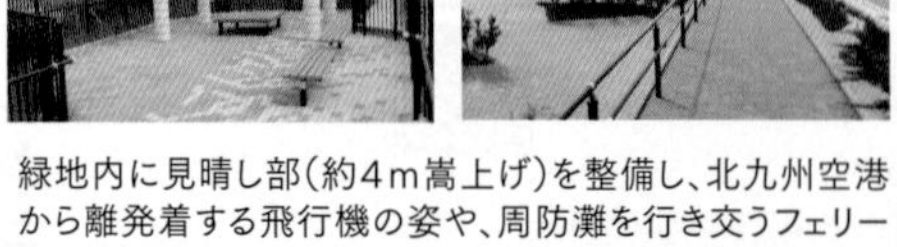
緑地内に見晴し部（約4m嵩上げ）を整備し、北九州空港から離発着する飛行機の姿や、周防灘を行き交うフェリーなどの船舶を眺めることができるよう配慮されています。

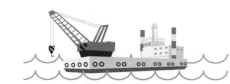

響灘地区 基地港湾

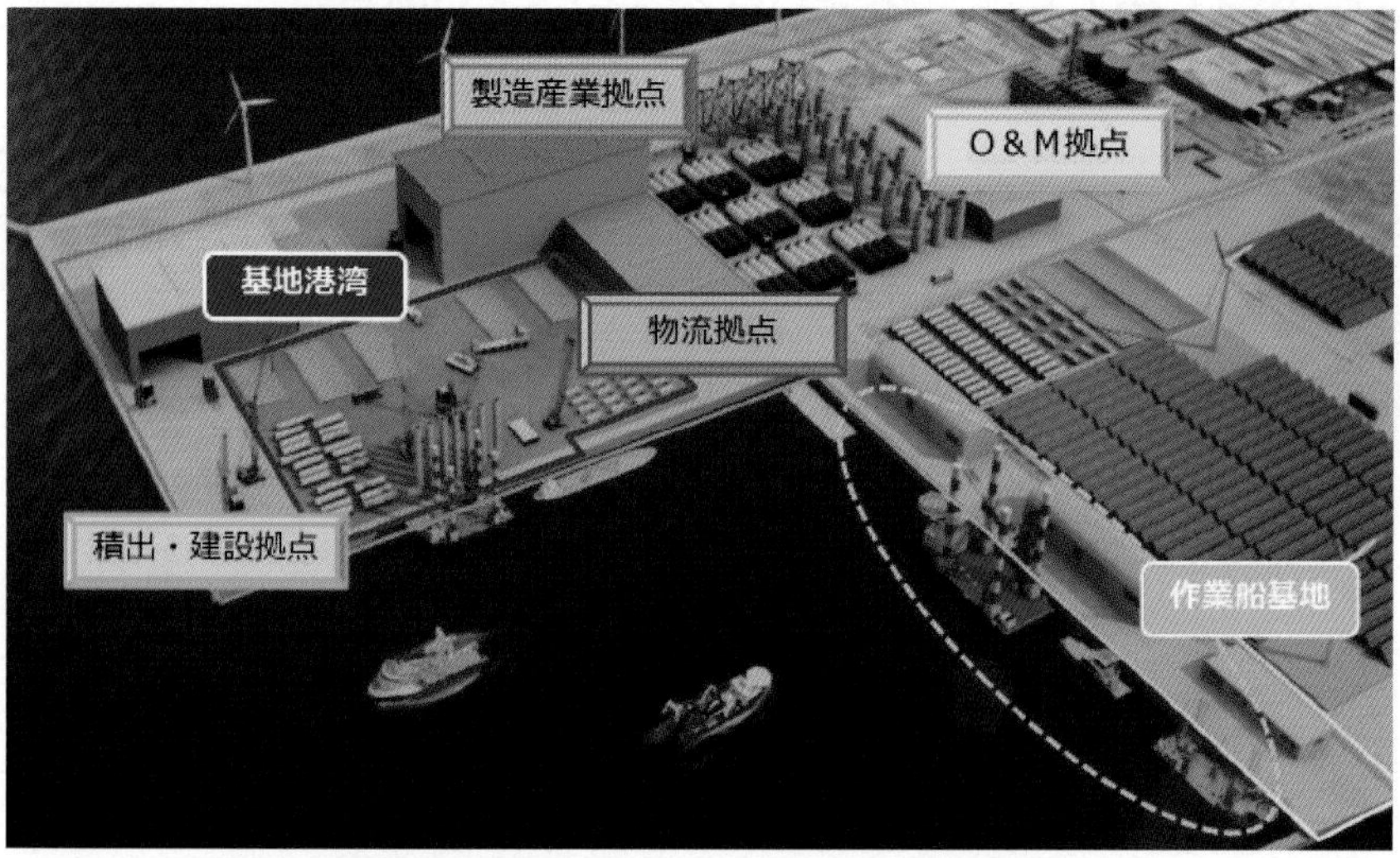

国内初・西日本唯一の「海洋再生可能エネルギー発電設備等拠点港湾」

本市では、令和元年度から風車積出拠点の核となる「基地港湾」の整備を進めています。令和2年9月には、国から国内初・西日本唯一の指定を受け国と市が一体となって整備を進めています。

また、風車のEPCI（設計・調達・建設・据付）には、SEP船を始めとした特殊作業船が必要となるため、その停泊場所の確保をはじめ、事業者が利用しやすい港湾施設整備を進めます。

基地港湾・産業用地整備

基地港湾は、1.8haを国が整備し、4.6haを市が整備しています。その背後地が洋上風力関連産業ゾーンとして約60haあります。

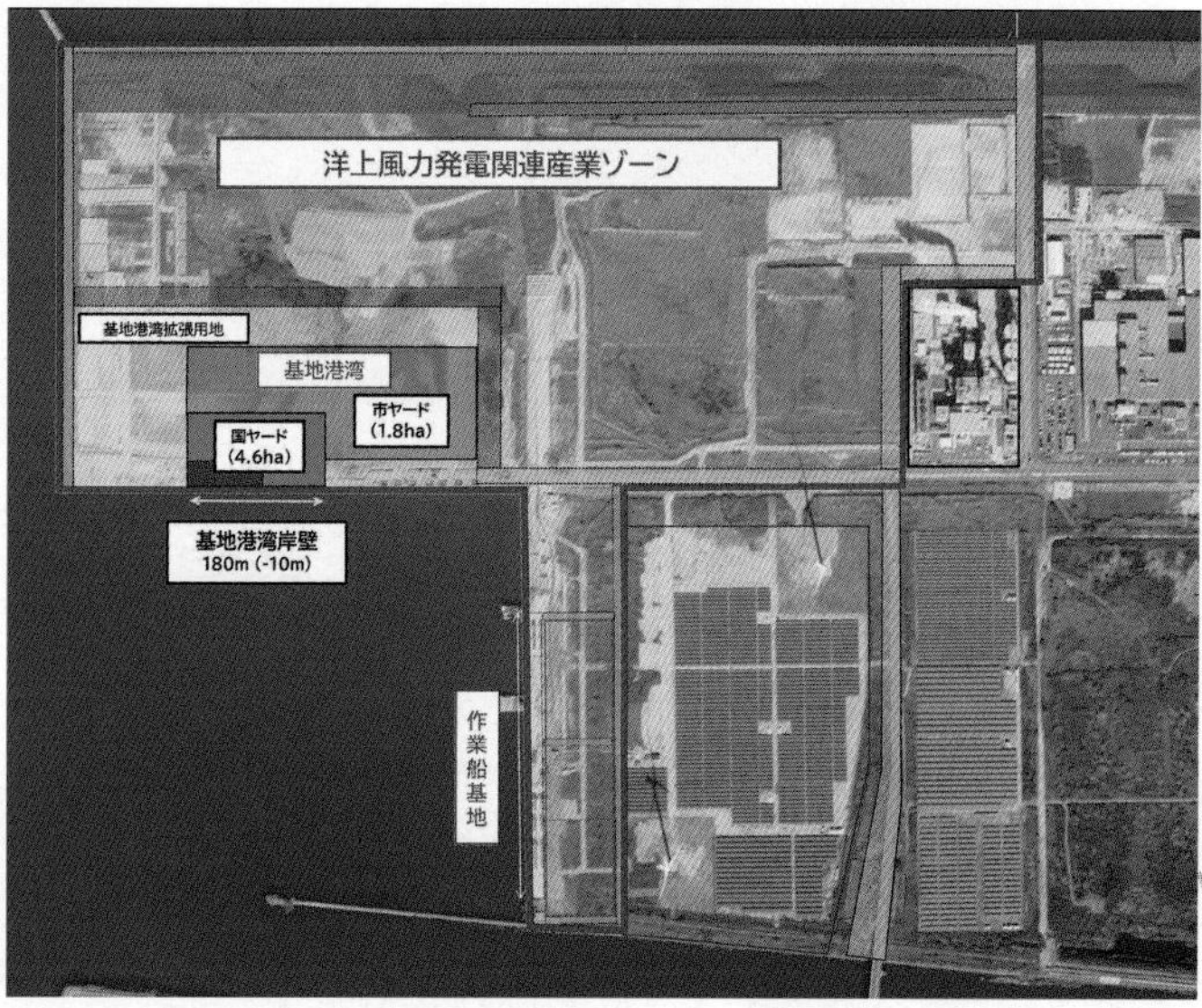

基地港湾
〔施設完成時期／令和6年度〕
電 093-582-2994
問 港湾空港局エネルギー産業拠点化推進室 エネルギー産業拠点化推進課
HP https://www.city.kitakyushu.lg.jp/kou-ku/30300038.html
所 若松区響灘地区 見 不可 P 無

風力発電関連産業の総合拠点化に向けて

これら基地港湾をはじめとした港湾施設を核に、響灘地区に創出された関連産業がしっかり地元に根付くよう、今後、洋上風力発電の導入ポテンシャルの高い九州地域をはじめとした西日本地域における促進区域指定に向けた支援を行うとともに、展開する事業者に対して、本市基地港湾の利用を働きかけていきます。

環境学習

水辺の自然とふれ合い、自然環境を学べる施設

八幡東区

板《いた》櫃《びつ》川水辺の楽校

街の中で生き物と触れ合おう

板櫃川は北九州市内を流れる二級河川で、その中流部の八幡東区の市街地に『水辺の楽校』があります。市街地の住環境整備にあわせて、川の環境整備を行っていて、街中でも川に入って生き物観察を行うことができます。

環境学習プログラム

水辺の楽校では実際に川に入って生き物採取、観察を行う環境学習プログラムを実施しています。対象は北九州市内の小学生で、専門家による採取の指導や捕まえた生き物の詳しい説明を聞くことができます。

担当者から豆知識

たくさんの水生生物と触れ合える

水辺の楽校には絶滅が心配される「オヤニラミ」をはじめ、さまざまな水生生物が生息しています。

板櫃川水辺の楽校

〔施設完成時期／平成19年7月〕

電話 093-582-2491 問 建設局河川部水環境課

HP https://www.city.kitakyushu.lg.jp/kensetu/05100127.html

所 八幡東区高見二丁目

見 可 P 無 休 無 ¥ 無

小倉北区

北九州市ほたる館

ホタルの生態や生息環境について学ぼう

昭和54年に小熊野川でホタルの幼虫の放流を行った時から、北九州市のホタル保護活動は本格的に始まりました。北九州市ほたる館は、ホタルをはじめとする水辺の生き物などを見学したり、水辺を愛する人々の交流や情報発信の場として活用されています。

マイボタル会員

ほたる館で自分のホタルを育ててみませんか?
詳しくはHPをご覧ください。

いろんな生き物も見られます

1年中ホタルが見られるよ。

担当者から豆知識

恥ずかしがり屋のカヤネズミも見てください

北九州市ほたる館

〔施設完成時期／平成14年4月〕

電話 093-561-0800 問 北九州市ほたる館

HP https://hotarukan.jimdofree.com/

所 小倉北区熊谷二丁目5-1 見 可 P 館2台(1台は身体障害者用)、熊谷消防署横に約10台

時 9:00～17:00 休 火曜日(火曜日が祝日の場合はその翌日)・年末年始 ¥ 無料

八幡西区

香月・黒川ほたる館

ホタルや黒川流域の水辺環境について学ぼう

八幡西区香月地区は、市内でも特に多くのホタルが飛翔し、河川の清掃やホタルの保護育成活動、ほたる祭りなど、市民活動が大変盛んな地域です。

この地域の特徴を生かし、水辺環境保全のさらなる推進や「ほたるの里」としての魅力向上のため、ホタルをはじめとした水生生物に関する学習や地元活動の場を提供する施設として「香月・黒川ほたる館」は生まれました。

日本をはじめ、世界中に分布するホタルの情報をパネル展示しています。ほたる学習室では市民の皆さんが水辺環境に関する学習の場としてご利用いただけます。

黒川流域に生息している水辺の生き物の展示や水辺の環境について楽しく学べます。

実は光るのは成虫だけではないんです!

ホタルの成虫が光ることはみなさん知っていると思いますが、実はホタルは卵や幼虫、サナギの時にも光ります。ほたる館では、そんな光る様子や体の構造をを大きな模型で見ることができます。

担当者から豆知識

香月・黒川ほたる館

〔施設完成時期／平成25年10月〕

電話 093-618-2727 問 香月・黒川ほたる館

HP https://www.city.kitakyushu.lg.jp/kensetu/05101142.html

所 八幡西区香月西四丁目6-1 見 可 P 普通車20台、大型2台

時 9:00～17:00

休 水曜日(水曜日が祝日の場合はその翌日)・年末年始 ¥ 無料

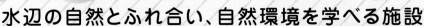

まちづくりを再発見できる

DOBOKU

生活を支える

空港・道路・橋・水道、浄水施設、防災など、北九州市の進化した都市インフラの情報が満載。

A I R P O R T

九州で唯一の
二十四時間運用の海上空港

北九州空港

北九州空港は平成18年3月に現在の位置に開港しました。周防灘沖の海上に位置しており、騒音の影響が少ないことから、全国でも数少ない24時間離着陸が可能な空港となっています。この特長を活かして、他空港では運行できない早朝・深夜の時間帯にも旅客便・貨物便が就航しています。

滑走路の延長事業進行中！

3,000mへ

北九州空港

〔施設完成時期／平成18年3月16日〕

☎ 093-582-2308

問 港湾空港局空港企画部空港企画課

HP http://www.kitakyu-air.jp

所 北九州市小倉南区空港北町

見 可 ¥ 無料

P 約1,780台（普通車1時間無料、1日最大600円）

※営業時間・休業日は、北九州空港公式HPをご確認ください。

空港を結ぶアーチ橋

北九州空港連絡橋

北九州空港連絡橋は、橋の下は大型の船が通航しており、橋の上は飛行機の空域の制限があり、また海底の地盤が弱かったことなど、多くの課題を解決しながら設計された橋です。

色やデザインも、北九州地域の新たな玄関口として、周辺の海や山と調和するように工夫されています。

2,100m

橋の大きさ

《長さ》2,100m

《幅》22m（車道4車線、片側歩道3m）

《橋桁の重さ》約3万トン 《橋台》2基 《橋脚》24基

●道路面から海面までの高さは、最高で約27m。

●アーチの高さは、道路面から約24m、海面から約51m。

北九州空港連絡橋

〔施設完成時期／平成18年3月〕

☎ 093-582-3888

問 建設局道路計画課

所 小倉南区空港北町〜苅田町鳥越町

見 可 P 14台（無料）

KITAKYUSHU

生活を支える

生活を支える
空の玄関

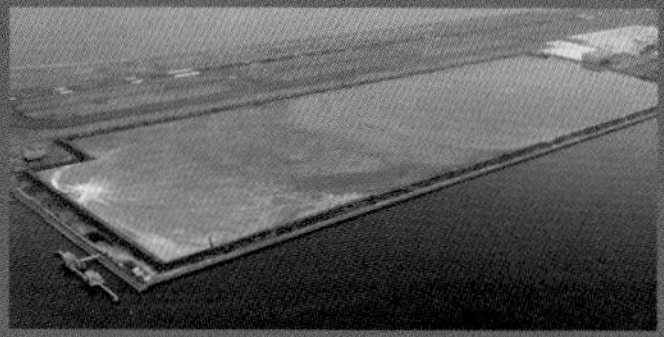

関門海峡の浚渫土砂で造られた空港島

関門海峡では、航行する船が座礁しないように定期的に海底の土砂を浚渫しています。空港島はその浚渫土砂を利用して造られました。浚渫は今も続いており、空港島は今後も土地が広がることで、様々な土地活用が期待されています。

国際貨物取扱量が全国６位

全国でも数少ない国際貨物定期便が就航している空港のため、国際貨物取扱量が全国で6位（令和4年度実績）と国内で上位に位置しています。航空貨物は、旅客機の床下スペースにも搭載することができますが、定期便で使用している貨物専用機になると、搭載量が多くなるだけでなく、高さのある貨物も搭載することができます。

© Kitakyushu City Goverment

シーアンドエア輸送が可能

空港島は岸壁を備えているため、航空機と船舶を組み合わせて貨物を輸送するシーアンドエア輸送が可能です。この輸送が実施できる空港は全国でも3箇所（中部国際、、関西国際、北九州）しかありません。外国から航空機で人工衛星を輸入し、国内ロケットの発射場へ船舶で輸送したシーアンドエア輸送は、輸送事業者などから高く評価されています。

苅田若久《かんだわかひさ》高架橋の開通

令和3年5月に苅田若久高架橋（県道）が開通しました。これにより苅田北九州空港ICから空港への所要時間が短縮され、空港利用者の利便性が向上しました。さらに、周辺で発生していた交通渋滞の緩和にも寄与しています。

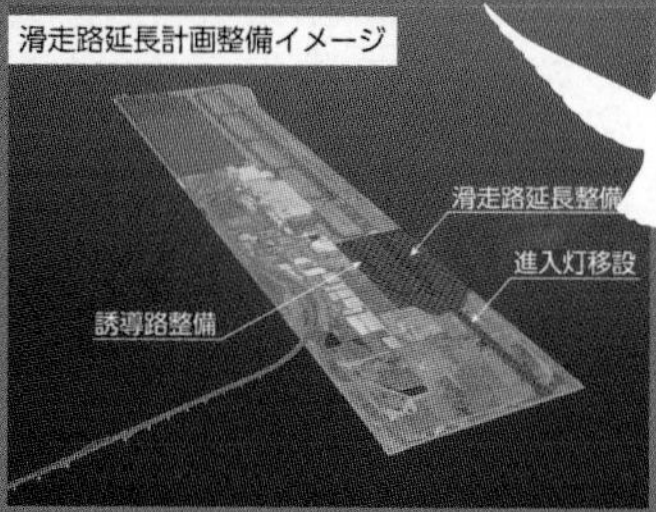

滑走路の延長（2,500m→3,000m）

大型貨物機の北米・欧州への長距離運行を可能とする滑走路の延長事業が進められています。北九州空港の背後圏にある国際航空貨物の北欧への輸送は、そのほとんどが成田・羽田・関西を利用しており、その陸送にかかる距離や時間、料金に大きな損失を抱えています。滑走路が延長され、北九州空港から輸送が可能となることで、輸送時間の短縮や輸送コストの削減などの効果が期待されています。

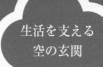

アーチ橋の製作から架設まで

橋の桁は、愛知県や大阪府・広島県などの工場で造り、船で北九州まで運搬。
大型のクレーン船で吊るして架設されました。

なぜ橋の中央部だけが「アーチ」なの？

橋脚の間隔は約80mですが、橋の中央部だけは、大型の船が通行するため橋脚の間隔が210mあります。このため、アーチを造り、ケーブルで吊ることで、間隔の広い中央部分の橋桁を補強しています。

橋はどのくらい「頑丈」なの？

この橋の場所から150km離れた箇所を震源とする、マグニチュード8の地震に耐えられるように設計されています。縮尺1/50の模型を作り、風洞実験をして、最大瞬間風速70m/s程度でも壊れないよう工夫をしています。

橋桁の重さ「3万トン」ってどのくらい？

橋の桁は、長さ2,100m、幅22mで、そのほとんどが鉄でできており、これを全部押しつぶして鉄の塊にしたら、縦、横、高さがそれぞれ約16mの立方体の大きさになります。

アジア世界へ
国際物流拠点 北九州港

北九州港はアジアと地理的に近く、歴史的にも非常に深い関わりをもっています。
韓国の釜山港にわずか230km、また1,000km圏内には上海、青島、大連といった中国の主要商業港が、関東地区と同じ距離に位置しています。

1 ひびきコンテナターミナル
大型コンテナ船に対応した高規格コンテナターミナル

ひびきコンテナターミナル(以下、HCT)は、日本海側で最初の水深15mの岸壁を持ったコンテナターミナルとして、平成17年の4月に供用開始しました。

水深15m岸壁は、延長700mあり、船長約300m、コンテナ積載量約4,500個のコンテナ船が同時に2隻着岸できます。

ターミナルは、東西方向に約780m、南北方向に約500m、面積は約39haとPayPayドーム5.6個分の広さがあり、この広い敷地の中にコンテナを約23,000TEU置くことができます。

令和5年1月現在、HCTには、東南アジア、中国、韓国との間に、5航路、月20便のコンテナ定期航路が就航しており、国際物流・生産拠点である響灘地区の中核施設として、その役割を果たしています。コンテナ以外にも、ターミナルを有効活用するため、暫定的に大型クルーズ船の受入や在来船の利用、RORO船の沖縄航路就航などコンテナの取扱に支障がない範囲で、多目的利用を行っています。

さらに、令和4年11月からはHCT初の日本海航路が就航し、北九州港の活性化につながる機運が高まっています。

大きなキリンのような機械 ガントリークレーン!

コンテナはガントリークレーンという機械を使用して船に積み降ろしします。積み降ろし作業時は、ブーム(キリンの首のような部分)を下げて使用しますが、それ以外の時はコンテナ船に接触しないように上げています。垂直に立っている状態で、高さが約100mにも達する大きな機械ですが、電気で動いているため、使用中はCO_2を排出しません。

ひびきコンテナターミナル〔施設完成時期／平成17年4月〕
- 093-321-5967 問 港湾空港局港湾整備部計画課
- HP http://www.kitaqport.or.jp/jap/ct/ct_hibiki.html
- 所 若松区響町三丁目
- 見 可(申込条件あり⑴定員10名〜50名 ⑵小学生以上の団体であること。)

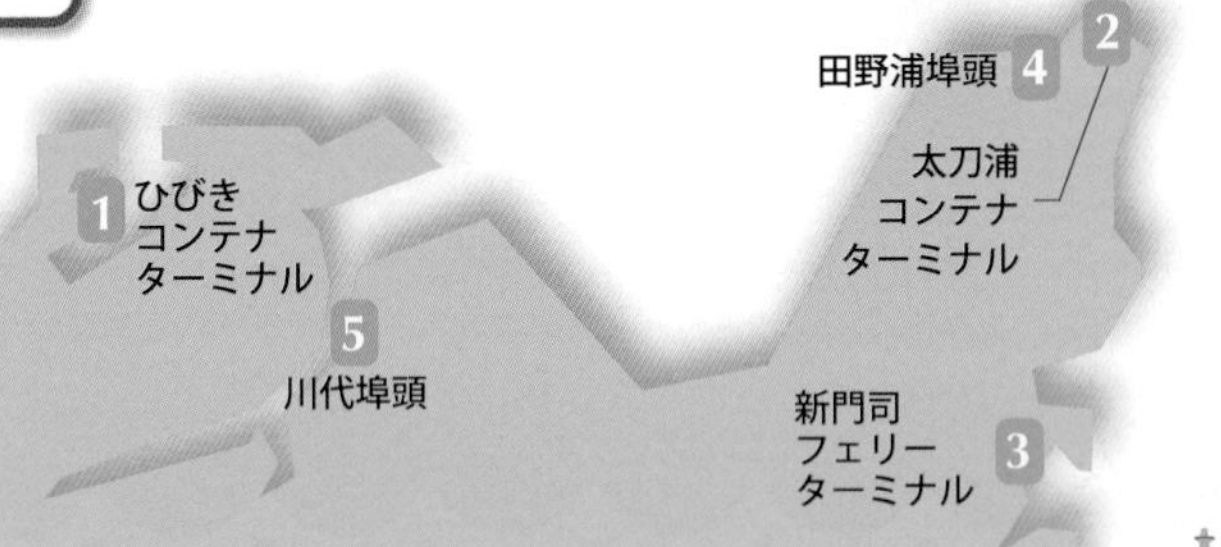

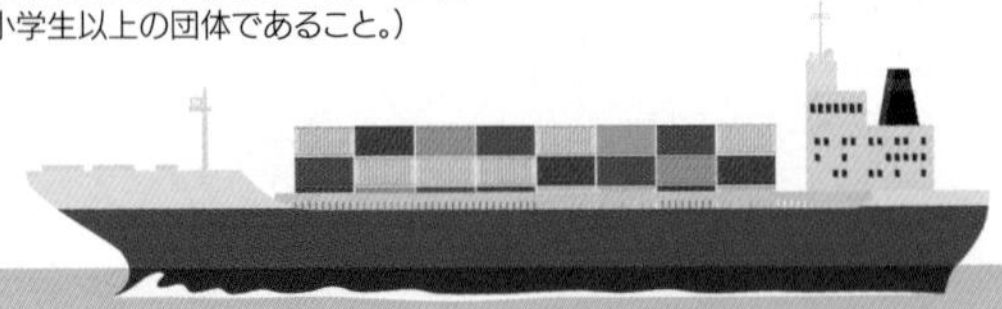

2 太刀《たちの》浦《うら》コンテナターミナル
成長著しいアジアに向けた物流の玄関口

太刀浦コンテナターミナルは、第1ターミナルと第2ターミナルから成る、西日本有数の定期コンテナ航路とコンテナ取扱貨物量を誇るコンテナターミナルです。令和5年1月現在、東南アジア、中国、韓国との間に30航路、月134便の外貿定期コンテナ航路が就航しており、原材料・部品や日用雑貨等の輸入、工業製品の輸出において重要な役割を果たしています。

約32haあるコンテナヤードには、約10,000TEUのコンテナを置くことができます。

デジタル技術を活用した高規格なコンテナターミナル

コンテナ物流の生産性向上、良好な労働環境の確保を図るため、コンテナ貨物に関する民間事業者の手続きを電子化するCyber Port、コンテナの蔵置場所を最適化するAIシステムの導入等に取り組んでいます。

※Cyber Port：紙、電話、メール等で行われている民間事業者間の港湾物流手続を電子化することで業務を効率化し、港湾物流全体の生産性向上を図ることを目的としたプラットフォーム

太刀浦コンテナターミナル
〔施設完成時期／第1ターミナル：昭和54年
第2ターミナル：昭和62年〕
- 093-321-5967 問 港湾空港局港湾整備部計画課
- HP https://www.kitaqport.or.jp/jap/ct/ct_tachi.html
- 所 門司区太刀浦海岸
- 見 可(申込条件あり⑴定員10名〜50名⑵小学生以上の団体であること。)

3 新門司フェリーターミナル 新門司自動車輸送拠点

西日本最大のフェリー基地 九州最大規模の自動車輸送拠点

新門司地区には、瀬戸内海に面する地の利から、フェリーの一大拠点が形成されており、神戸、大阪、徳島・東京、横須賀向けが6便/日で就航しています。平成27年から令和4年にかけて就航する船舶を大型新造船に入れ替えたことにより、輸送力が約25%向上しました。

また、新門司北地区には、完成自動車の物流企業が集積しています。現在は、内航船により他港へ移出し、そこから輸出する輸送形態となっていますが、将来的には新門司北地区から直接外航船で輸出できるよう、航路の整備等を進めています。

担当者から豆知識

まるでホテルのような船内

近年リプレイスされたフェリーは、客室がグレードによって複数種用意されているほか、ホテルさながらのスイートルームを完備しています。その他にも露天風呂、シアターやジムを利用できたり、プラネタリウムの投影などのイベントを開催するなど、サービスが充実しており快適な船旅を楽しむことができます。

新門司フェリーターミナル、新門司自動車輸送拠点

〔施設完成時期/第1ターミナル:昭和54年　第2ターミナル:昭和62年〕

093-321-5967　問 港湾空港局港湾整備部計画課

HP 阪九フェリー:https://www.han9f.co.jp/
名門大洋フェリー:https://www.cityline.co.jp/
オーシャン東九フェリー:https://www.otf.jp/
東京九州フェリー:https://tqf.co.jp/

阪九フェリー　名門大洋フェリー　オーシャン東九フェリー　東京九州フェリー

4 田野浦埠頭

西日本初の本格的ターミナルから多目的ターミナルへ

昭和46年に西日本初のコンテナターミナルとして開業し、平成16年度からは約2,000台の自動車蔵置能力を有した中古自動車の輸出基地として、主にニュージーランド向けの自動車専用船(PCC)が寄港しています。平成19年からは、国際ROROターミナルとしても利用されています。また、埠頭背後に立地する半導体製造装置等の精密機器の輸出拠点となっているほか、西日本一円の青果物の輸入基地にもなっています。

担当者から豆知識

RORO船

貨物船のひとつで、貨物を積んだトラックやシャーシ(荷台)ごと輸送する船舶のことです。発地ではトレーラーが自走で乗船し、貨物を積んだシャーシを切り離して船に載せ(ロール・オン)、トレーラヘッドだけが下船します。着地ではトレーラヘッドだけが乗船してシャーシを連結し、そのまま下船(ロール・オフ)し、陸送します。クレーンを使うコンテナ船に比べて迅速、簡単、安全に荷役ができ、物流コストの削減にも寄与する輸送方法です。

田野浦埠頭〔施設完成時期/昭和45年3月〕

093-321-5967　問 港湾空港局港湾整備部計画課

HP https://www.kitaqport.or.jp/jap/ct/etc_mojiko.html

所 門司区田野浦海岸　見 不可

5 川代《かわしろ》埠頭

川代埠頭は洞海湾に位置する突堤式の公共埠頭で港湾物流や生産の場として機能しています。この埠頭内を新若戸道路が通過するため、ルート上の民間倉庫の移転が必要となりました。

新若戸道路によって分断される東西のエリアで取り扱う品物を区分し、埠頭をさらに高度化利用できるように、官民共同で再整備が行われました。

川代埠頭

093-321-5975　問 港湾空港局港湾整備部整備課

所 戸畑区川代二丁目

見 不可(一般車両進入禁止のため)　P 無

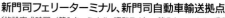

北九州の水のはじまり

雨のしずくが集まって上水用と工業用に分かれた後、市内へ給水されています。

井《い》手《で》浦《うら》浄水場

井手浦浄水場は、上水道第3期拡張事業の一環として築造された基幹浄水場で、昭和47年に完成しました。供給能力は、255，200㎥／日(市全体の33％)です。原水は、油木貯水池、ます渕貯水池、平成大堰、紫川から取水しています。他の基幹浄水場では貯水池からの導水路線に鋼管を使用していますが、この浄水場は大部分に馬の蹄のような形をしたトンネル状の水路(馬蹄形トンネル)を使用しています。処理された水は、約4㎞離れた堀越ポンプ場を通じて市内東部の各配水池に送られ、門司区、小倉北区、小倉南区、八幡東区、戸畑区の一部に給水しています。

井手浦浄水場〔施設完成時期／昭和47年〕
☎ 093-451-0262
問 井手浦浄水場
HP https://www.city.kitakyushu.lg.jp/suidou/s00900017.html
所 小倉南区大字井手浦418
見 原則、10人以上の各種団体の施設見学を随時受入(HPより要予約)
P 有 時 10:00～15:00 休 土・日・祝日・年末年始 ¥ 無料

やまめの里

「やまめの里」は、水源地の渓流をイメージした親水施設です。

約5，500㎡の敷地に、優れた景観と質の良い水を利用して、わさびの栽培とヤマメの飼育を行っています。水源や水質保全の大切さを伝えるとともに安らぎ、自然学習、水源地交流の場として活用されています。

広さ▶約5,500㎡
施設▶池・芝生公園・やまめの丘水路・階段水路・観察池・渓谷水路
場所▶井手浦浄水所　TEL:093-451-0262

わさび床

わさびは、日本原産でアブラナ科の多年草です。

水がきれいで、冷たい(8～18℃)場所にしか育たないといわれています。井手浦浄水所の原水で育てられていて、4月には花が咲きます。

広さ▶11.3m×4.9m(55.4㎡)×6床
床材▶山砂・玉砂利・砂利

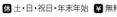

穴《あ》生《のう》浄水場

管理棟

　穴生浄水場は、昭和36年に上水道第1期拡張事業として築造したもので、当時の供給能力は１００，０００㎥／日でした。その後、2回の拡張工事を経て、昭和44年に３００，０００㎥／日(市全体の39％)になりました。小倉南区の井手浦浄水場及び八幡西区の本城浄水場とならぶ北九州市の基幹浄水場です。原水は、遠賀川、力丸貯水池、頓田貯水池から取水しています。通常、処理された水は、市内西部の各配水池に送られ、八幡東区、戸畑区、八幡西区、小倉北区の一部に給水しており、市内東部の貯水池の状況によっては、市内全域に給水されています。
　日本水道新聞社主催の近代水道百選にも穴生浄水場が選ばれました。

穴生浄水場〔施設完成時期／昭和36年〕
☎ 093-641-3338　問 穴生浄水場
見 原則、10人以上の各種団体の施設見学を随時受入（HPより要予約）
P 有　時 10:00～15:00　休 土・日・祝日・年末年始　¥ 無料
所 八幡西区鷹の巣三丁目10−16
HP https://www.city.kitakyushu.lg.jp/suidou/s00900016.html

畑《はた》貯水池

畑貯水池

　畑貯水池は、1級河川である遠賀川水系の、黒川に位置する重力式コンクリートダムです。北九州市の上水道、日本製鉄の工業用水道などに利用されています。池の周辺は川のせせらぎや鳥のさえずりを聞きながら散歩や森林浴を楽しむことができます。

畑貯水池
〔施設完成時期／昭和30年〕
☎ 093-617-4813
問 畑浄水場
所 八幡西区大字畑
見 堰堤は遊歩道として開放しています。
HP https://www.city.kitakyushu.lg.jp/suidou/s00900016.html

本《ほん》城《じょう》浄水場

洗浄水槽

　本城浄水場は、上水用施設と工業用水道施設が併設されている基幹浄水場です。開発の著しい若松区西部及び八幡西区北西部の新規需要への対処と老朽化した小規模浄水場の統廃合による効率的な運営を目指し昭和58年3月に完成しました。原水は、遠賀川河口堰と頓田貯水池から取水しています。供給能力は、上水１４１，０００㎥／日(市全体の約19％)、工水１４２，０００㎥／日(市全体の約56％)を有し、若松区全域、八幡西区の一部に給水されています。
　平成23年度に開始された、北部福岡緊急連絡管の維持用水を活用した、水道用水供給事業にも、本城浄水場の水が活用されています。

本城浄水場〔施設完成時期／昭和58年〕
☎ 093-693-1385　問 本城浄水場
所 八幡西区御開五丁目4−1
見 原則、10人以上の各種団体の施設見学を随時受入（HPより要予約）
P 有　時 10:00～15:00　休 土・日・祝日・年末年始　¥ 無料
HP https://www.city.kitakyushu.lg.jp/suidou/s00900016.html

頓《とん》田《だ》貯水池

頓田貯水池

　頓田貯水池は、北九州市の重要な貯水池の一つで、伊佐座取水場で取水された遠賀川の水を汲み上げて貯水しています。第一貯水池と第二貯水池からなり、第一貯水池は昭和27年に完成し、第二貯水池は昭和34年に完成しました。
　池の周囲はサイクリングコースとなっており、市内最大の公園であるグリーンパークに隣接しています。
　また、頓田貯水池と本城浄水場の高低差を利用した水力発電が本城浄水場内で行われています。
　日本水道新聞社主催で選定した近代水道百選にも頓田貯水池が選ばれました。

頓田貯水池〔施設完成時期／昭和27年〕
☎ 093-693-1385
問 本城浄水場
所 若松区大字頓田
見 池の周囲はサイクリングコースとなっています。
HP https://www.city.kitakyushu.lg.jp/suidou/s00900016.html

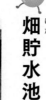

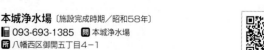

水害から暮らしを「守る」

神嶽川地下調節池

局地的豪雨による河川の増水・浸水を未然に防ぐ調節池

神嶽川《かんたけがわ》地下調節池

メディアドーム近隣にある三萩野運動公園の地下に作られた調節池で、地上部は現在も野球場として利用され、施設容量は４つの調節池の中で最も大きい５７，０００ｔです。

調節池流入口

調節池流出口

三萩野運動公園

神嶽川地下調節池
〔施設完成時期／平成17年3月〕
093-582-2281
問 建設局河川部河川整備課
所 小倉北区三萩野三丁目 見 不可
HP https://www.city.kitakyushu.lg.jp/kensetu/05100123.html

天籟寺川《てんらいじがわ》地下調節池

北九州市内にある４つの地下調節池の中で、最初に作られたもので、天籟寺川の上流にある商業施設の駐車場の地下に位置しており、大雨時には最大２３，０００ｔの水を貯めることができます。

調節池内

調節池流入口

調節池流出口

天籟寺川地下調節池
〔施設完成時期／平成11年1月〕
093-582-2281
問 建設局河川部河川整備課
所 戸畑区東鞘ヶ谷町
見 不可

大雨時、金山川上流の水量を調整する整備

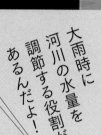

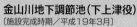

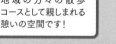

金山川《きんざんがわ》地下調節池

金山川上流部の市営住宅跡地に金山川地下調節池(町上津役東)、公園の下に金山川地下調節池(下上津役)、現在施工中の金山川調節池(小嶺)があります。金山川上流部は急速な都市化が進んだことから、流出量が増大し、河川の流下能力が不足するようになり、これらの調節池の整備が進められました。

町上津役東《まちこうじゃく》

金山川地下調節池(町上津役東)
〔施設完成時期／平成14年3月〕
☎ 093-582-2281 問 建設局河川部河川整備課
所 八幡西区上津役東二丁目 見 不可
HP https://www.city.kitakyushu.lg.jp/kensetu/05100120.html

下上津役《しもこうじゃく》

金山川地下調節池(下上津役)
〔施設完成時期／平成19年3月〕
☎ 093-582-2281 問 建設局河川部河川整備課
所 八幡西区下上津役三丁目 見 不可

小嶺《こみね》

写真はイメージパースのため、完成形は一部変更が生じる可能性があります。

金山川調節池(小嶺)〔施設完成時期／令和6年5月(予定)〕
☎ 093-582-2281 問 建設局河川部河川整備課
所 八幡西区小嶺一丁目ほか 見 不可

田良原池《たらばるいけ》

熊西雨水幹線調整池

八幡西区熊西地区の浸水対策の一環として、田良原池の雨水貯留機能を拡張するとともに、山寺川からの流入水量を増やし、水の流れを創り出し、浸水池やせせらぎ水路、遊歩道が整備されました。

良好な水辺空間の創出と生態系の復元を図った田良原池の整備は、計画段階からの市民参画により、コンセプトづくりから将来の維持管理のあり方まで、幅広く検討・議論を重ね、地域のコミュニティ活動の場として親しまれています。

担当者から
豆知識

地域の方々の散歩コースとして親しまれる憩いの空間です！

田良原池
〔施設完成時期／平成20年4月〕
☎ 093-582-2480
問 上下水道局下水道部下水道計画課
所 八幡西区幸神四丁目3
見 可 P 有

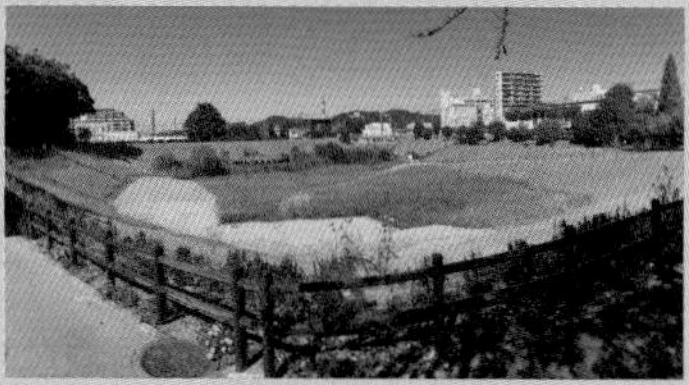

水の道

災害に強い
北九州

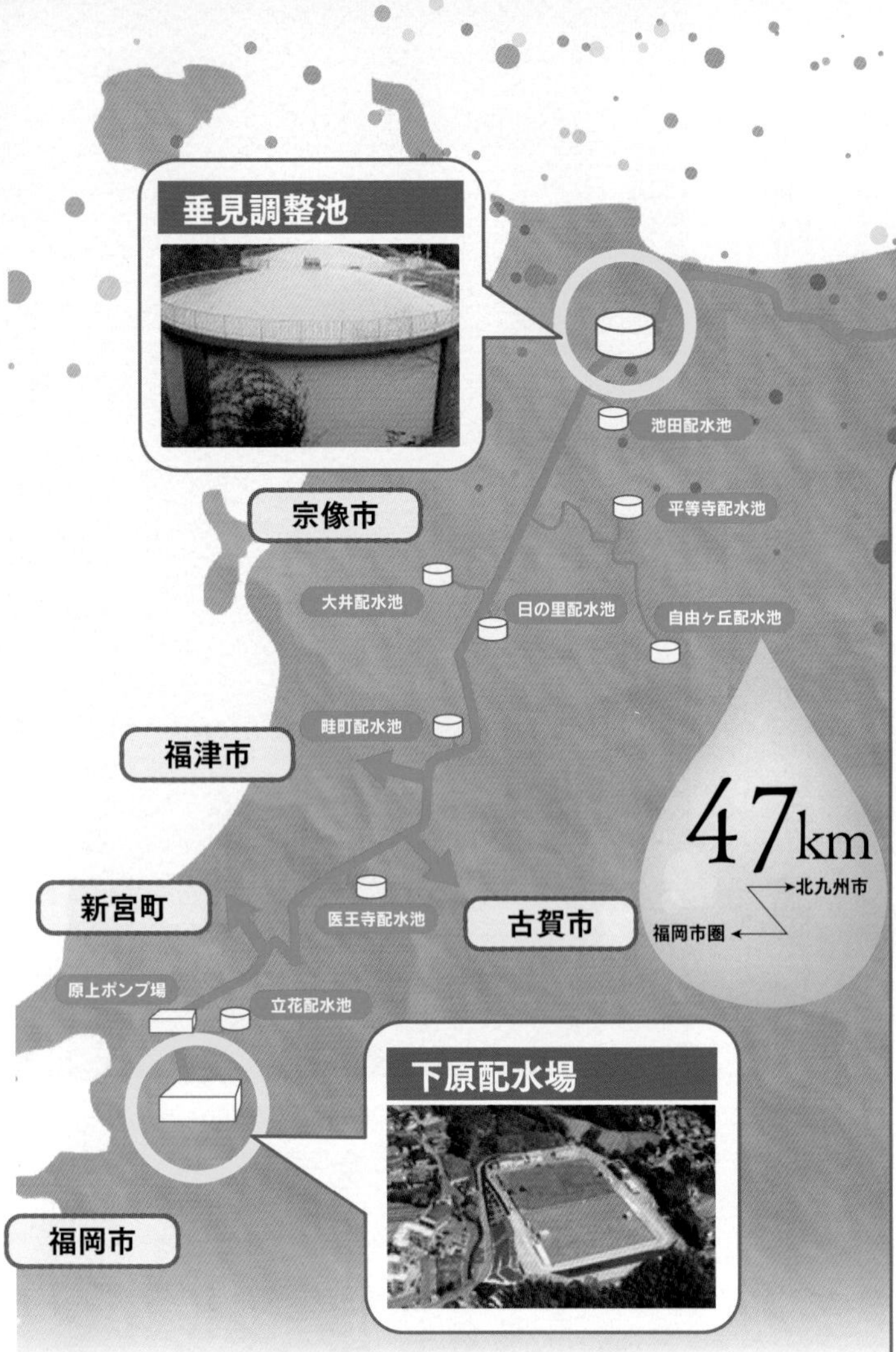

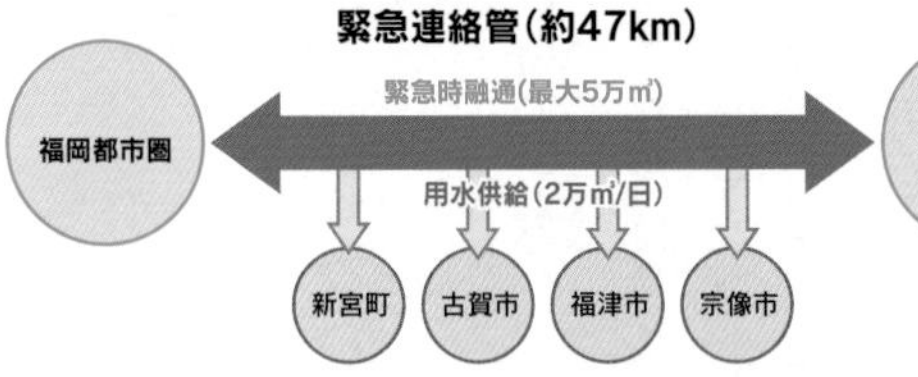

北部福岡緊急連絡管

災害に強く水に不安のない福岡県を実現するために、北九州市と福岡市圏を結ぶ「水道用水の緊急時用連絡管」が整備されています。

福岡県西方沖地震のような自然災害、あるいは水道施設事故やテロ攻撃などの緊急事態に対する危機管理対策として、緊急時に1日当たり最大で5万㎥の水道用水を相互に融通することで「水」という極めて重要なライフラインを確保しています。緊急連絡管はマグニチュード7クラスの内陸直下型地震に耐えられる設計となっています。

また、緊急連絡管の機能を維持するためには、常時一定の水道水を流しておく必要があります。そのため、北九州市から緊急連絡管に1日当たり2万㎥を送水しており、これを利用して送水途中の関係市町の安定給水も行っています。

本城浄水場

水は、本城浄水場で高度処理しています。

自然の川底の小石などに付着した微生物が汚濁物質を分解する作用を施設内でより効率的に再現しています。

標高110mの調整池へポンプ送水しています。

中間地点の標高110mの調整池へポンプ圧送で送水して、その後は位置エネルギーを利用した自然流下で関係市町へ送水します。

若松と戸畑を、北九州市と福岡都市圏を結ぶ「水の道」。
人々の暮らしを守るため、地下や海底でネットワークが築かれています。

北部福岡緊急連絡管〔施設完成時期／平成22年〕

- 電 093-582-3062 問 上下水道局水道部計画課
- HP https://www.city.kitakyushu.lg.jp/suidou/s00600009.html
- 所 八幡西区御開〜福岡市東区下原まで
- 見 可（本城浄水場内は、原則、10人以上の各種団体の施設見学を随時受入［HPより要予約］）
- P 無（本城浄水場内は、有） 時 随時（本城浄水場内は、10:00〜15:00）
- 休 無（本城浄水場内は、土・日・祝日・年末年始） ¥ 無料

新若戸道路水道連絡管

若松区東部地区は、三方が海に面しているため、メインの水道管（送水管）は八幡西区本城浄水場からの1系統しかありませんでした。過去には、漏水事故で長時間に亘り断水が発生したこともありました。

そこで、新若戸道路を利用して、その監査路（避難用通路）内に、戸畑・若松間を連絡する送水管を整備し、多系統化を図りました。

この水道管の完成で、三つの基幹浄水場（穴生・本城・井手浦）が相互に連絡され、浄水場間のバックアップ機能を強化する「水道トライアングル」も完成しました。これにより、浄水場等が万が一、事故、災害などによって供給ができなくなっても、他の浄水場から応援給水することで影響範囲を少なくすることができます。

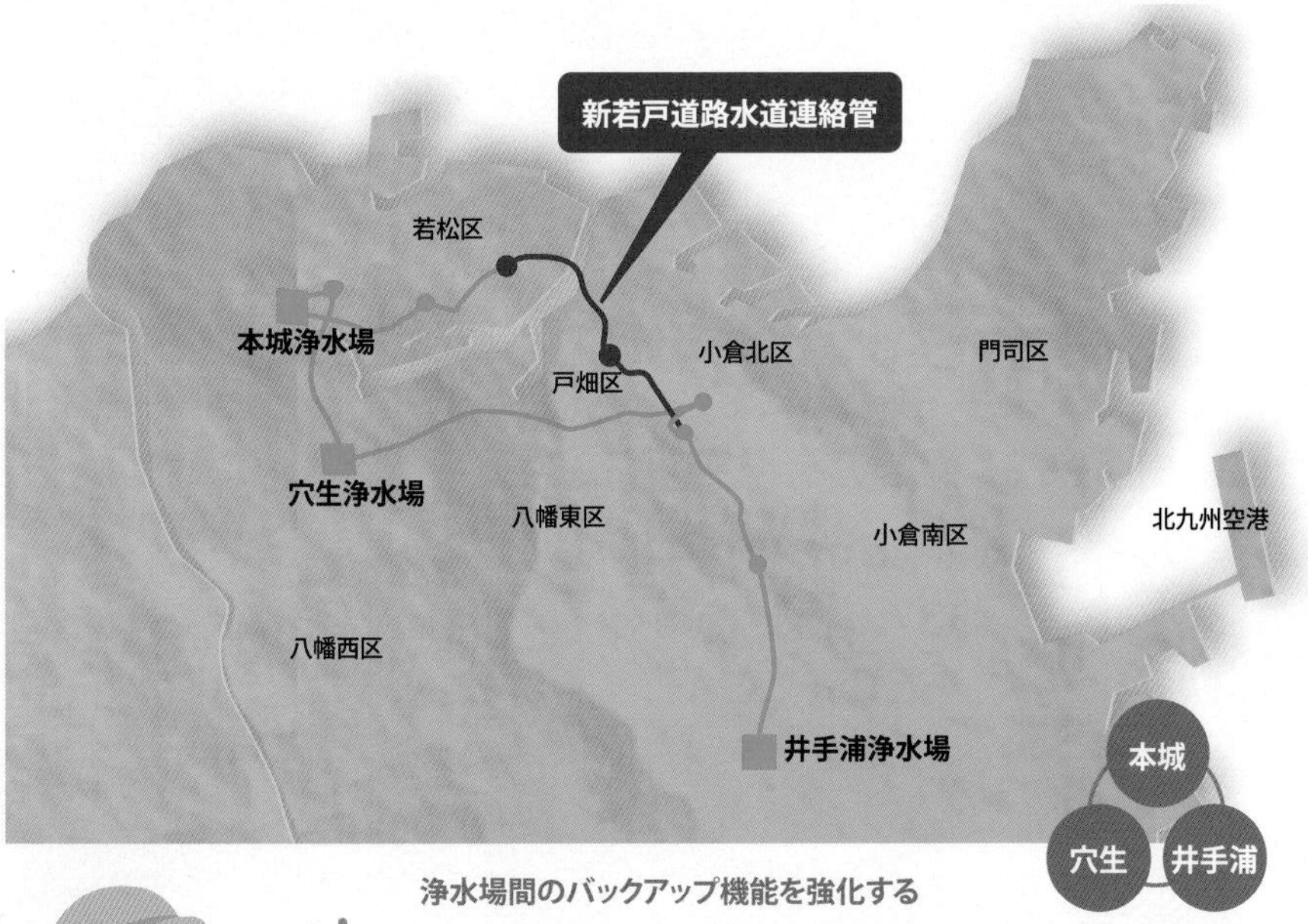

浄水場間のバックアップ機能を強化する
水道トライアングルの完成！

トンネルのどこにあるの？
水道連絡管は、新若戸道路の壁の外側にある避難用通路の空間の中に設置されています。

新若戸道路水道連絡管
〔施設完成時期／平成24年〕
℡ 093-582-3062 問 上下水道局水道部計画課
所 八幡東区八王寺町～若松区新大谷町まで
見 不可

暮らしと産業を支える水管橋

金山川《きんざんがわ》水管橋

水道水は、河川やダム等から原水を取水し、導水管を通じて浄水場へ運ばれ、砂やゴミを取り除き、薬品を加える等、様々な工程を経て作られます。浄水場で作られた水は送水管を通じて配水池へ送られ、さらに配水管を通じて各家庭へ供給されます。また、工業用水は水道水と処理過程は異なりますが、工場の製品製造等に使用される水です。

この金山川水管橋は、導水管（口径１，３５０㎜）、送水管（口径４５０㎜）、工業用水管（口径１，３５０㎜）の３系統が架けられている、延長47ｍの水道専用橋です。その中の導水管は遠賀川から取水（伊佐座取水場）した原水を穴生浄水場まで運んでいる管です。

この水管橋は、永犬丸・則松区画整理事業に合わせて整備されました。永犬丸中央公園内を通り、周辺は閑静な住宅街ということから、景観や周辺環境との調和に配慮した設計にしています。

薄水色の塗装で、形はアーチ形、管同士を補剛し、管を上からワイヤーで吊る「ランガー形式」と言われる、北九州市内でも数少ない特徴のある水管橋です。

空気弁
橋の真ん中が一番高くなるように設計され、管内の余分な空気を外に排出するための装置です。

金山川水管橋
〔施設完成時期／平成12年〕
℡ 093-582-3062
問 上下水道局水道部計画課
所 八幡西区北筑二丁目20番
（永犬丸中央公園内）
見 可
P 有（永犬丸中央公園内の駐車場）

管の直径が1,350mmあり、遠目ではその大きさが分かりませんが、真下から眺めるとその大きさを体感できます。

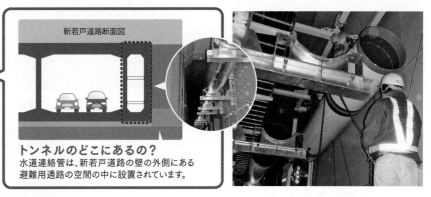

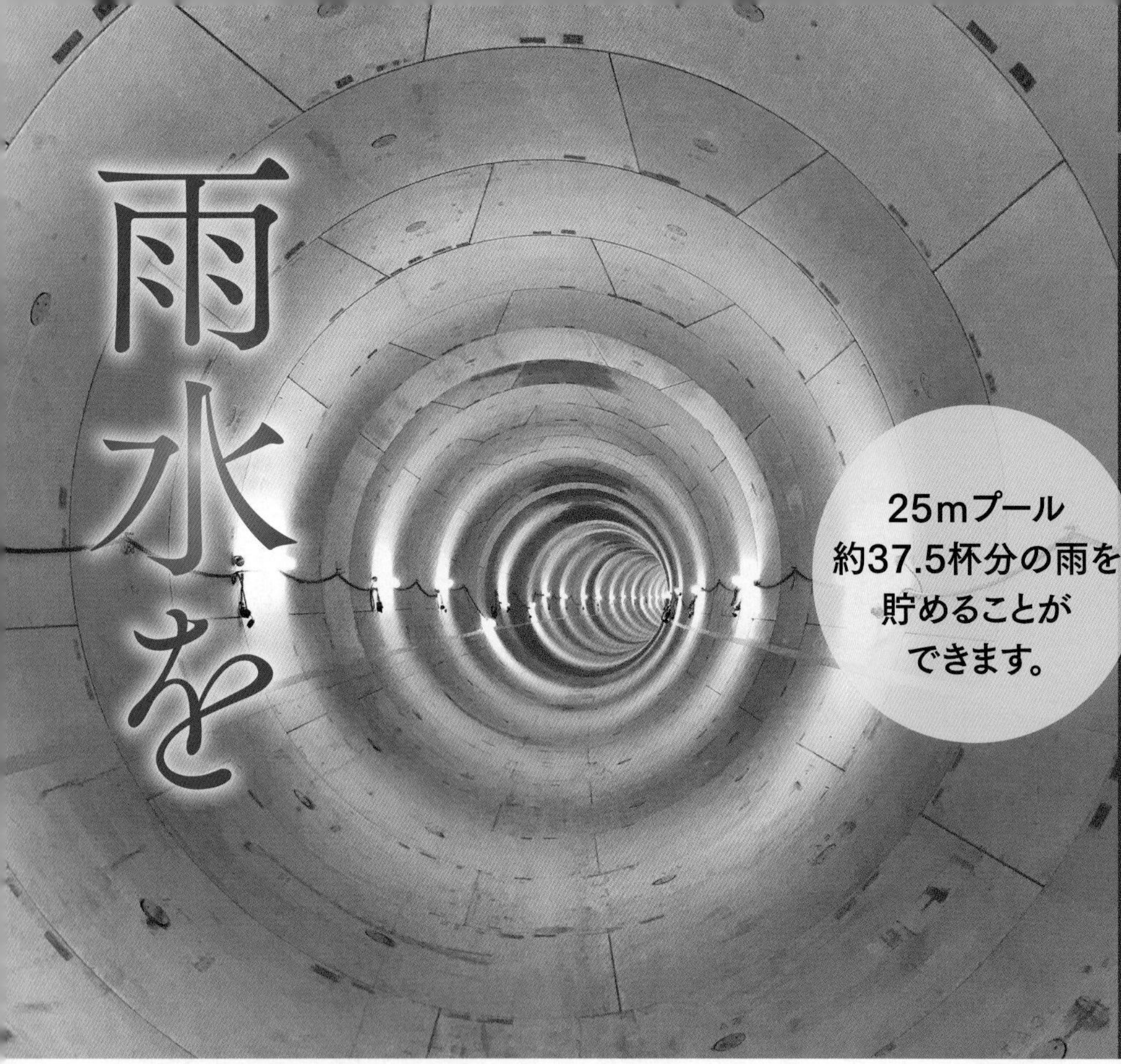

雨水を

25mプール
約37.5杯分の雨を
貯めることが
できます。

桜町北湊雨水貯留管

若松区の本町地区や白山地区では、近年多発する局地的豪雨により、浸水被害が多数発生し、早急な浸水対策が急務となっていました。

そこで、既設下水道管の能力を超える雨水を一時的に貯留し、地域の浸水被害を軽減するために「桜町北湊雨水貯留管」を整備しました。

この雨水貯留管は北湊浄化センターから老松二丁目東交差点までの延長約1・5㎞の区間に、直径3・4mの管を地下約20mに築造し、13,500㎥の雨水を貯めることができます。

特殊な工法を採用

雨水貯留管は、シールド工法で建設しました。シールド工法は、シールドマシンにより地下を掘り進めトンネルを築いていく工法で、硬い岩盤にも対応でき、長距離や曲線施工が可能です。

担当者から
豆知識

シールドマシン

正面(面板)には、岩盤を削るためにカッタービットと呼ばれる超合金の歯がついています。マシンは、現場の土質にあわせて工事ごとに特注で作っています。

響灘の水質保全にも貢献

降り始めの著しく汚れた雨を「桜町北湊雨水貯留管」に貯めることで、川や海への流出を防ぎます。

雨が止んだ後、貯めた雨水は浄化センターに送り、水処理を行うことで響灘の良好な水質環境を保ちます。

桜町北湊雨水貯留管

〔施設完成時期／平成30年度〕

☎ 093-582-2482

問 上下水道局下水道部下水道整備課

HP https://www.city.kitakyushu.lg.jp/suidou/s01100018.html

所 若松区桜町ほか

見 周辺に説明板設置予定

担当者から
豆知識

下水道事業の「見える化」

市民の暮らしを支える下水道事業への理解と関心を深めてもらうため、親子施設見学会を開催しました。また、「未来へつなぐタイムトンネル」と題し、地元小学生による管内での絵描き体験を行いました。

昭和町雨水貯留管

小倉都心部では、近年多発する局地的豪雨により、浸水被害が多数発生し、早急な浸水対策が急務となっていました。

そこで、既設下水道管の能力を超える雨水を一時的に貯留し、地域の浸水被害を軽減するために「昭和町雨水貯留管」を整備しています。

この雨水貯留管は白銀公園から香春口北交差点までの延長約1・5㎞の区間に、直径3mの管を地下約15mに築造し、9，500㎥の雨水を貯めることができます。

25mプール
約26杯分の雨を
貯めることが
できます。

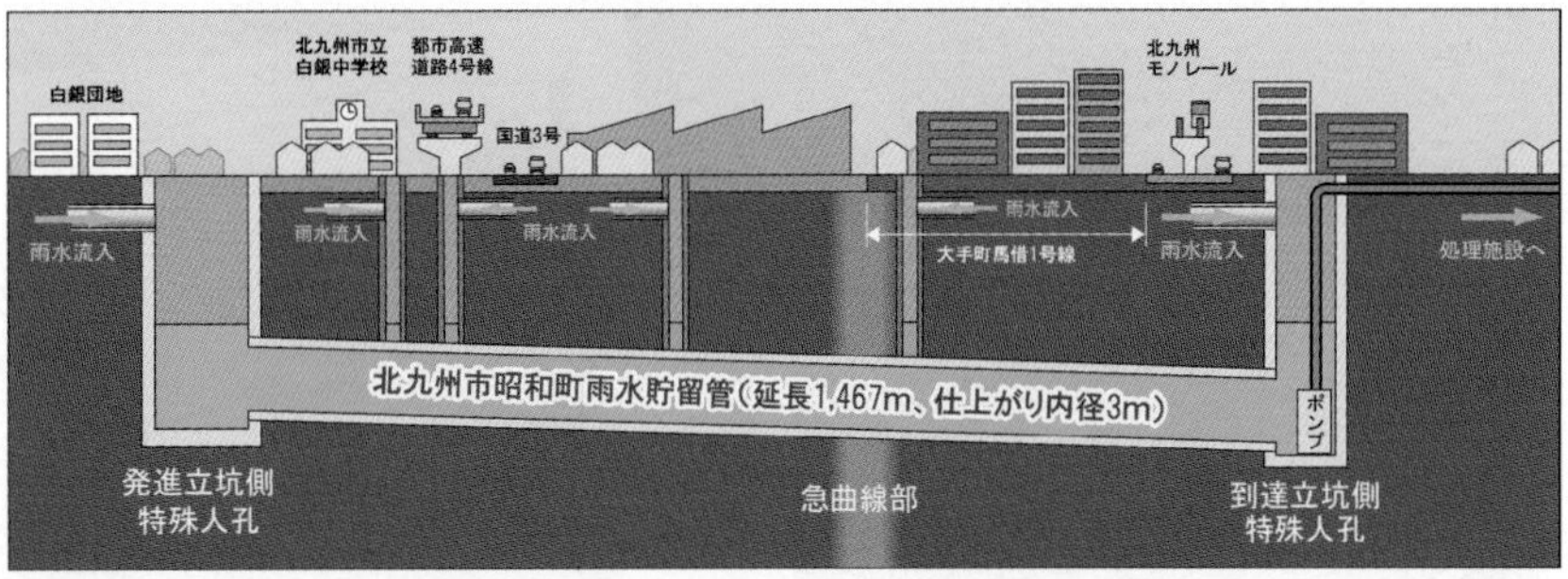

急曲線の施工

「昭和町雨水貯留管」は、R＝40mの急曲線があり、シールド工法での緻密な施工が求められる、高度な技術力を要する工事でした。急曲線の部分は、シールドマシンの角度を細かく調整しながら掘削し、他の部分よりも幅の狭いセグメント（コンクリート製の壁）を組み立てて施工しました。

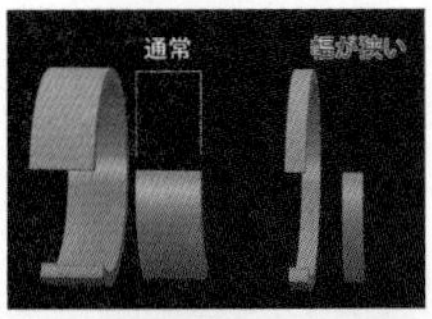

PR動画公開

建設中の「昭和町雨水貯留管」を最大限活用して、PR動画を作成しました。雨水貯留管内を日本トップクラスのスケボー選手や人気バイク系YouTuberが疾走する動画や災害への備えについて説明した動画、VR映像など計5本を北九州市公式YouTubeチャンネルで公開しています。

Check out!

雨水貯留管内での出前授業

工事現場周辺校区の小学4年生を対象に、雨水貯留管内にスクリーンやイスを持ち込んで教室に見立て、実施設の規模を体感しながら、「災害への備え」の大切さを学ぶ出前授業を実施しました。

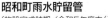

担当者から
豆知識

昭和町雨水貯留管

〔施設完成時期／令和5年度末（予定）〕

☎ 093-582-2482

問 上下水道局下水道部下水道整備課

HP https://www.city.kitakyushu.lg.jp/suidou/s01100018.html

所 小倉北区昭和町ほか

見 白銀公園、香春口北交差点に説明板設置予定

利便性の向上や、渋滞の緩和のため、整備工事が進められています。

CONNECT

まち、とち、つなぐみち。

戸畑枝光線

戸畑枝光線は、全長約4.4kmの自動車専用道路です。本路線の整備により、北九州高速2号線の戸畑出入口と北九州高速5号線の枝光出入口を接続し、環状放射型の自動車専用道路ネットワークが構築されます。本路線は令和5年4月から、北九州市と福岡北九州高速道路の合併施工方式で事業を実施しています。

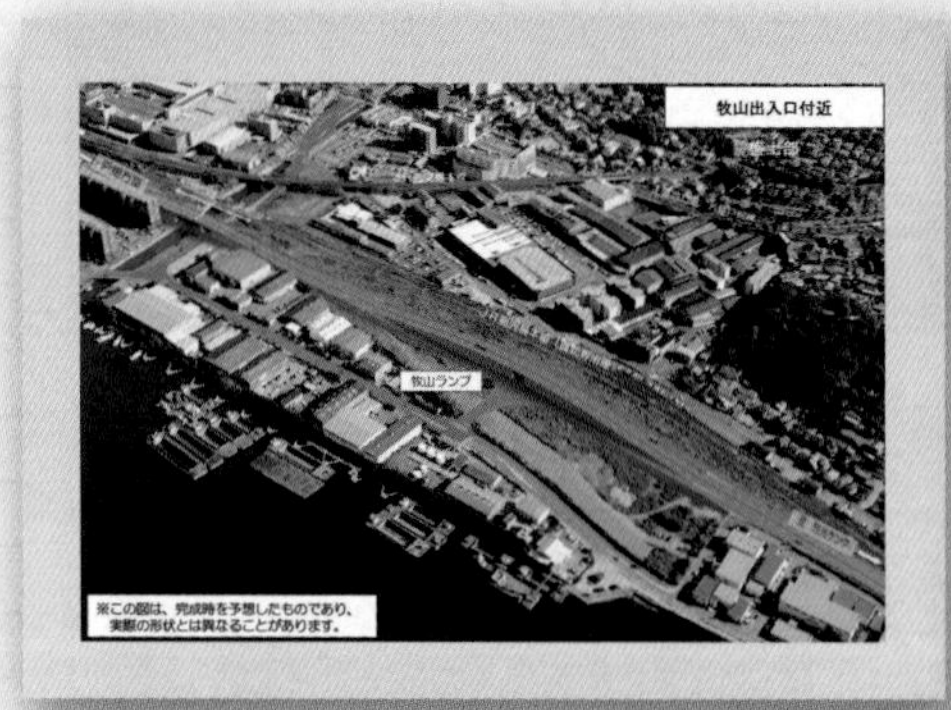

牧山出入口付近
牧山ランプ
※この図は、完成時を予想したものであり、
実際の形状とは異なることがあります。

※この図は、完成時を予想したものであり、
実際の形状とは異なることがあります。
戸畑駅北口付近
至　小倉
ＪＲ戸畑駅
至　八幡

枝光出入口付近
橋梁部
枝光ランプ
※この図は、完成時を予想したものであり、
実際の形状とは異なることがあります。

戸畑枝光線

📞 093-582-2191
問 建設局道路部街路課
HP https://www.city.kitakyushu.lg.jp/kensetu/04400034.html
所 戸畑区大字戸畑～八幡東区東田五丁目

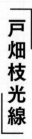

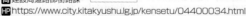

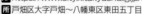

恒見《つねみ》朽網《くさみ》線（曽根新田工区）

恒見朽網線は、門司区新門司三丁目～小倉南区大字朽網を結ぶ、延長7.9㎞の新設道路で、周防灘沿岸部の物流機能強化や北九州空港へのアクセス利便性向上などを目的に、3工区（曽根新田工区、吉田工区、恒見工区）に分けて事業を進めています。

このうち、曽根新田工区（小倉南区曽根北町～大字朽網）については、令和5年度末に完成を予定しており、本市経済の活性化と周辺道路の渋滞緩和が期待されています。

飛行場南線

整備箇所である小倉南区曽根周辺は東西をＪＲ日豊線により分断されているため、東西を結ぶ唯一の幹線道路である徳力葛原線、特に津田西交差点に交通が集中していました。そこで、東西の連絡強化と交通の分散を図るため、本路線を整備しました。また、国道10号と旧空港跡地とのアクセス強化も目的としています。

飛行場南線
〔施設完成時期／令和2年3月〕
☎ 093-582-2191 問 建設局道路部街路課
所 小倉南区大字曽根～大字貫 見 通行できます。

恒見朽網線（曽根新田工区）
☎ 093-582-2279
問 建設局道路部道路建設課

小倉北区 交通の要

新砂津大橋

新砂津大橋

国道199号バイパス 交通の要

　新砂津大橋は、小倉北区浅野地区～末広地区を結ぶ、国道199号のバイパスとして、2014年に完成した橋梁です。

　橋梁形式は、2径間連続鋼床版鈑桁橋で、有効幅員は27.8mで交通量の多い本路線の要となっています。

小倉城の外堀??

　本橋梁が架かる砂津川は、実は小倉城の外堀にあたります。

　本橋梁より、南に少し歩いてみると、門司口門跡として、門司口橋があります。

　門司口門は江戸時代の参勤交代にも使われた門で、昔の小倉の重要な交通の要となっていました。

　昔の交通の要と今の交通の要を見比べるのも面白いかもしれませんね!

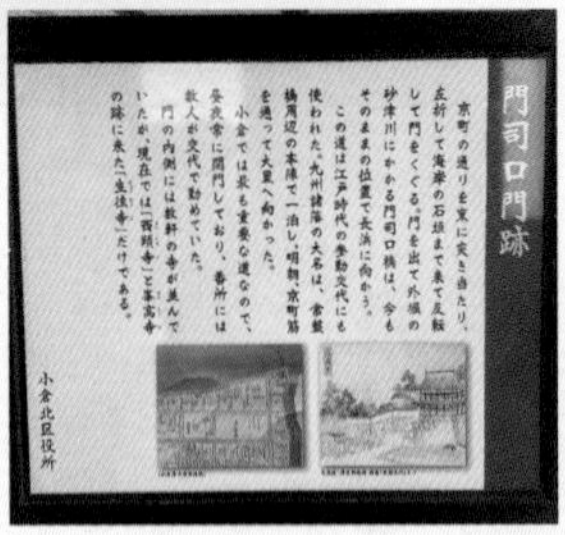

新砂津大橋
〔施設完成時期／平成26年3月〕
☎ 093-582-2279
問 建設局道路部道路建設課
所 小倉北区浅野二丁目

砂津長浜線（砂津長浜トンネル）

国道3号と国道199号を結ぶ 都心トンネル

　砂津長浜線は、国道3号富野口交差点（小倉北区砂津一丁目）から国道199号（小倉北区長浜町）に至る延長約720mの道路であり、小倉都心部を取り巻く環状道路の一部をなすものです。本線が開通したことで、広域物流ネットワークの構築や小倉都心部の通過交通を排除し、都心部の交通機能の充実が期待できます。

特殊工法のあれこれ

　本線は、平面区間180m・立体交差区間540m（掘割部230m・トンネル部310m）で構成されています。トンネル部は、鉄道や交通量が非常に多い交差点があるため、トンネル形式（ボックスカルバート）にて整備を行いました。

　鉄道下は、トンネル上部と鉄道敷の離隔が約65cm程度しか確保できないことや新幹線の橋脚が近接することなどを考慮し、URT工法という推進工法を採用しました。この工法は、箱型中空の鋼製エレメントを推進させながらトンネルを構築するため、鉄道を通常運行させながら施工することができました。

　また、掘割部のU型擁壁の施工では、隣接する国道3号や周辺家屋への影響を考慮して、側壁をプレキャストRC版として、仮設土留壁と兼用する構造を採用しました。これにより、掘削幅を抑え、沿道への影響を軽減することができました。

砂津長浜線（砂津長浜トンネル）〔施設完成時期／令和4年5月〕
☎ 093-582-2191　問 建設局道路部街路課　所 小倉北区砂津一丁目～小倉北区長浜町
HP https://www.city.kitakyushu.lg.jp/kensetu/04400042.html

紫川東線

4.5ｍ建築限界を確保

本事業箇所は、小倉北区浅野二丁目から京町一丁目までのＪＲ線で分断された小倉駅南北地区を連結する区間です。

本路線と鉄道との立体交差部は、通行車両の高さが制限（2.7ｍ以下）されていたほか、幅員も狭く、慢性的な渋滞が発生し、小倉駅の南北地域を結ぶ幹線道路としての役割が十分に果たされていませんでした。さらに歩道幅員も狭く（3.0ｍ）、歩行者及び自転車が安心して通行できる空間が確保されていませんでした。

設計上苦労したところ

車両の高さ制限をなくすために道路を下げたいが、前後の道路や脇道・建物などの関係から、道路を下げるのは1ｍが限度。ではＪＲの線路を上げようとすると、小倉駅、西小倉駅両駅からの距離が近く、勾配がきつくなるため線路を上げるのは1.2ｍが限度。そこで2つを合わせて、規定の高さ4.5ｍをなんとか確保しました。

施工上の課題

線路は限られたスペースの中に日豊本線、鹿児島本線、貨物線の6線があります。線路横には新幹線の通信施設などがあり、スペースを広げることが出来ません。このスペースの中で線路を切り回し、列車を止めることなく線路の高さを上げていくためには、多くの施工手順を必要とする大変な工事でした。

施工前

施工後

紫川東線 〔施設完成時期／平成25年5月〕
093-582-2191 問 建設局道路部街路課
所 小倉北区浅野二丁目～京町一丁目

日明《ひあがり》渡船場《とせんば》線《せん》

小倉都心部と戸畑区のアクセス強化

日明渡船場線は、小倉都心部と戸畑区とのアクセス強化を図る主要幹線道路です。平成6年、バス専用道路と市道を一元化するために、西日本鉄道（株）と事業実施にかかる基本協定を締結しました。その後、平成8年から事業に着手し、全長約3㎞の区間を整備しました。また、狭かった歩道を拡幅したことで、地域住民の安全性・快適性も向上しました。

日明渡船場線
〔施設完成時期／令和3年4月〕
093-582-2191
問 建設局道路部街路課
所 小倉北区愛宕二丁目～戸畑区新池三丁目

路面電車の歴史

本路線区間で運行していた西日本鉄道株式会社の西鉄北九州線は、1985年に当該区間の運輸営業が廃止されるまで、多くの北九州市民が利用していました。

新道路

国道3号黒崎バイパス

春の町ランプ、陣原《じんのはる》ランプ開通

国道3号黒崎バイパスは、八幡東区と八幡西区を結ぶ全長5.8㎞、片側2車線の自動車専用道路で、国道3号現道の渋滞解消、地域産業の振興や黒崎地区の再生に欠くことができない重要な道路です。

国土交通省が平成3年に事業着手し、平成24年までに陣原ランプから都市高速道路接続区間までが開通し、黒崎バイパス沿線で企業の立地や共同住宅の建設が進むなどのストック効果が表れています。

令和5年3月18日には、春の町ランプ及び陣原ランプが開通し、国道3号東西方向のバイパスが完成しました。

全線開通に向け、残る黒崎西ランプについても、着々と整備が進められています。

国内最大級のクレーン

春の町ランプの架設には、
国内最大級のクローラクレーン
（3,000t級クレーン）が
使用されました。

担当者から豆知識

国道3号黒崎バイパス

☎ 093-951-4331
問 国土交通省九州地方整備局北九州国道事務所
HP https://www.qsr.mlit.go.jp/kitakyu/
所 八幡東区西本町～八幡西区陣原

都市計画道路3号線

小倉都心部と黒崎副都心を結ぶ

北九州市の小倉都心部と黒崎副都心部を結ぶと共に、八幡東区の中心市街地を経由するなど、市の都市軸として重要な役割を担っています。良好な景観と賑わいづくり、バスの円滑な通行、ゆとりのある歩行者空間、自転車道を確保しています。

都市計画道路3号線は、小倉北区中津口一丁目から八幡西区美吉野町までの延長約18．3㎞の都市計画道路です。令和元年には、荒生田三丁目から中央一丁目までの延長2㎞について、幅員を36ｍに拡幅する整備が完了しました。平成4年までは西鉄電車北九州線が通っていたことから、いまでも「電車通り」と呼ばれています。

両国橋の歴史

明治時代には九州鉄道により、門司と黒崎を結ぶ鉄道が通っており、八幡東区大蔵付近には大蔵駅がありました。板櫃川に架かる両国橋の上流側に、わずかに赤レンガで出来た当時の橋台が残っていましたが、両国橋の架け替え工事で大部分は撤去されました。現在は歴史ある赤レンガの橋脚の一部を両国橋の左岸側に案内板と共に展示しています。

担当者から豆知識

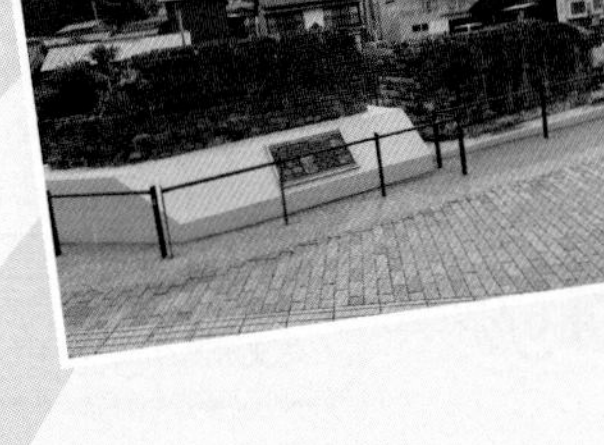

都市計画道路3号線

☎ 093-582-2191
問 建設局道路部街路課

穴生《あのう》水巻《みずまき》線（森下工区）

森下跨線《こせん》橋の整備

穴生水巻線（森下工区）は、北九州市八幡西区穴生二丁目から同区大字永犬丸に至る総延長2，950mの都市計画道路穴生水巻線の一部で、国道3号とほぼ並行に走る黒崎へのアクセス道路です。整備前は、筑豊電気鉄道「森下電停」付近で鉄道と平面交差し、踏み切り部ではクランク状の道路線形のために朝夕の交通渋滞が特に著しい状態でした。

通学路としての、歩行者の安全確保や森下電停付近の渋滞緩和のため、歩車道が分離された4車線の道路を整備するとともに、筑豊電気鉄道と道路の立体交差化が行われ、森下跨線橋が整備されました。

跨線橋《こせんきょう》とは

橋の一種で、鉄道線路をまたぐものをいいます。ちなみに、道路をまたぐ橋は跨道橋といいます。

担当者から豆知識

工事の工夫

道路と鉄道との立体交差の橋梁工事では、鉄道の安全運行のため、終電から始発までの時間的制約の中で橋を架けなければなりませんでした。工事エリアが狭く、交通量も多い道路で、何度も道路を切り替え、少しずつ工事を進め、平成23年11月にようやく完成しました。

穴生水巻線（森下工区）
〔施設完成時期／平成23年11月〕
093-582-2191
問 建設局道路部街路課
所 八幡西区森下町

本城払川線《ほんじょうはらいがわせん》

黒崎地区と学術研究都市をつなぐ緑のトンネル

黒崎地区から北九州学術研究都市への重要なアクセス道路です。本道路の一部は、良好な自然を保つ目的で都市計画決定された本城緑地保全地区の中を通っています。生息する貴重な植物や生物への影響を少なくするために池の横断部は橋梁形式で整備され、陸域は将来にわたって緑の復元が図れるようにほとんどがトンネル形式となっています。

黒原《くろばる》飛行場線

北九州空港へのアクセスをスムーズに

本路線は、小倉都心部と小倉南区東部地域を結ぶ交通ネットワークを形成し、平成18年3月に開港した「北九州空港」への主要なアクセス道路となっています。

湯川から葛原間（2，160m）の、道路幅員が30mに拡幅され、4車線化となったことで、交通渋滞が解消され、「北九州空港」へのアクセスが強化されました。

環境に人に車にやさしい道づくりを目指しました

慢性化していた小倉南区安部山入口交差点～労災病院入口交差点までの交通渋滞が解消されたことで、当該区間を通過する自動車によるCO_2の排出量が約44％削減されました。
CO_2の削減量を年換算すると約1.3t／年となり、これをクスノキのCO_2吸収能力に換算すると約1,400本、森林面積にすると約3.5ha（メディアドーム1個分）の面積に相当します。

担当者から豆知識

黒原飛行場線
〔施設完成時期／平成16年10月〕
093-582-2191　問 建設局道路部街路課
所 八幡西区本城二丁目

新道路

藤松線

藤松線

国道3号と国道199号を結ぶ跨線《こせん》橋

　藤松線は、国道199号からJR九州線と立体交差し、国道3号を結ぶ道路です。交通の円滑化や利便性の向上を図り、地域の土地利用を推進するために整備されました。延長720mのうち、483mがJRの跨線橋（線路をまたぐような形で架けた橋）になっています。線路で地域が分断されることや、踏切での渋滞や事故などを未然に防ぐために、道路と鉄道との交差部において、道路を高架化や地下化する立体交差が行われています。

担当者から
豆知識

鉄道から道路への積み替え

橋の下には、JR貨物北九州貨物ターミナル駅があり、多くのコンテナが取扱われており、鉄道と道路の結節点（積み替え場）になっています。

藤松線
〔施設完成時期／平成14年〕
📠 093-582-2191
問 建設局道路部街路課
所 門司区松原二丁目
～門司区大里新町
見 通行できます。

都《みやこ》下到津《しもいとうづ》線

小倉都心部の交通ネットワークの強化

　都下到津線は、国道3号バイパスと都市高速道路1号線の下到津ランプ、県道下到津戸畑線及び市道愛宕下到津線が結ぶ1，170m（トンネル延長680m、橋梁延長373m）の地域高規格道路です。この道路の完成により、小倉都心部周辺の交通の分散と円滑化が図られました。

都下到津線
〔施設完成時期／平成16年3月〕
📠 093-582-2191
問 建設局道路部街路課
所 小倉北区都一丁目
～小倉北区下到津一丁目
見 通行できます。

さらに快適なアクセスのために
Development of roads

中央町穴生《あのう》線

八幡東区中央町から穴生までの幹線道路

中央町穴生線は、八幡東区中央町から国道200号東曲里町交差点を経由し、筑豊電鉄穴生電停前交差点に至る総延長6・48kmの幹線道路です。そのうち中央町穴生線（岸の浦・青山・穴生工区）は、黒崎ひびしんホール前から穴生電停前交差点までの約2kmです。この区間は2車線で沿道には商業施設、教育機関などが立地しており、また本路線と接続する穴生水巻線（4車線）が開通し、周囲では区画整理事業による住宅開発も進んでいることなどから、特に朝夕を中心として渋滞が起きていました。

黒崎副都心部の交通渋滞の緩和や八幡西区西部地域との連絡強化のため、歩車道が分離された4車線の道路が整備されました。

中央町穴生線
〔施設完成時期／令和5年4月〕
☎ 093-582-2191 問 建設局道路部街路課
所 八幡西区岸の浦二丁目～八幡西区鷹の巣一丁目 見 通行できます。

城《しろ》山《やま》西《にし》線

国道3号と築地を結ぶ

八幡西区藤田三丁目（国道3号）と八幡西区築地を繋ぐ都市計画道路で、国道3号と八幡西区北部の工業団地を結ぶ重要な路線です。

整備前（2車線）は慢性的な交通渋滞を引き起こしていましたが、整備完了後（4車線）は解消され、円滑な交通を支えています。

施工上の課題
本路線は、JR営業線とアンダーパス形式で立体交差している路線の拡幅工事が主体でした。車両の交通を遮断せず、鉄道敷地に近接した場所で、旅客列車の安全を確保しながらという、大変厳しい施工条件のもと、整備が行われました。

城山西線
☎ 093-582-2191 問 建設局道路部街路課 見 通行できます。

上津役《こうじゃく》本城《ほんじょう》線

風光明媚な橋梁形式の立体交差

周辺地域の交通緩和と住民の利便性、物流機能の向上を目指すために整備された国道3号から国道199号を結ぶ延長772m、幅22～29mの都市計画道路です。途中でJR九州線と橋梁形式により立体交差しています。

上津役本城線
〔施設完成時期／平成6年〕
☎ 093-582-2191 問 建設局道路部街路課
所 八幡西区光明一丁目～八幡西区則松一丁目
見 通行できます。

担当者から豆知識

桜開花時期の撮影スポット
道路と隣接して金山川が流れ、線路がカーブ区間となっており、河畔の桜とあいまって、春は美しいシーンを見ることができます。

九州を繋ぐ

東九州自動車道

東九州自動車道は、北九州市を起点として九州東海岸部を南下し、福岡、大分、宮崎、鹿児島の各県を南北に結び鹿児島市に至る全長約４３６㎞の高速自動車国道です。

東九州地域の活性化のみならず、九州縦貫自動車道や都市高速などと一体となって、広域的な高速ネットワークを形成し、九州の均衡ある発展に寄与する重要な道路です。

このうち、北九州市内の区間については、平成18年２月に北九州ジャンクションから苅田北九州空港インターチェンジ間が供用開始したことにより、約８㎞の区間が開通しています。また、平成28年４月に椎田南インターチェンジから豊前インターチェンジ間が供用しました。これにより、北九州市から宮崎市までが東九州自動車道によって結ばれることとなりました。

九州縦貫自動車道

九州縦貫自動車道は、門司ＩＣから鹿児島ＩＣまで全長約３４６㎞を結ぶ高速自動車国道です。

このうち、市内の九州縦貫自動車道の延長は約31㎞です。

東九州自動車道

〔施設完成時期／平成１８年２月（北九州市内通過箇所）、全線開通時期は未定〕

☎ 092-260-6111

問 西日本高速道路㈱九州支社

HP https://corp.w-nexco.co.jp/

九州縦貫自動車道

〔施設完成時期／平成7年7月全線開通〕

📱 092-260-6111
問 西日本高速道路㈱九州支社
HP https://corp.w-nexco.co.jp/
所 門司区黒川東一丁目～八幡西区大字木屋瀬

担当者から豆知識

高速道路なのに信号機？

高速道路なのに信号機がある所をご存じですか？

小倉南IC～八幡IC間に長～いトンネルが2箇所あります。ひとつが約3.60㎞の「福智山トンネル」、もうひとつが約2.20㎞の「金剛山トンネル」です。2つのトンネルは黒川と小倉中間線を跨ぐ100ｍほどの橋梁でつながっており、1つ目を抜けてもすぐに2つ目のトンネルに入ります。約6㎞走って、やっと2つのトンネルを抜けることができるのです。この長いトンネル内で大事故や火災が起きたら大変です。トンネル内の非常事態を知らせるために両方の入口に信号機があるのです。いかに長いトンネルが伺えます。

ちなみに、九州縦貫自動車道で一番長いトンネルは、肥後トンネル（6.34㎞）、2位が加久藤トンネル（6.26㎞）で、3位に福智山トンネル、4位に金剛山トンネルとなっています。

人、街、結ぶ

北九州都市高速道路

北九州都市高速道路は、現在、1～5号線までの市内約54.7㎞で構成されており、北九州都市圏内外の人と物の交流を促進し、経済の発展、環境の改善及び生活の向上に貢献しています。

現在、北九州高速5号線（戸畑～枝光間）の整備を進めており、完成後は環状放射型自動車専用道路ネットワークの形成に寄与します。

都市高速道路ならではのフォトスポットも！

都市高速50周年記念で実施されたトシコーフォトコンテストでは、800点以上の作品が応募されるなど、フォトスポットとしても非常に人気の施設です。モノレールと都市高速道路が交差する北方、紫川に市街地や都市高速道路の照明が映る大手町、大迫力の写真が撮影できる愛宕、大谷等お気に入りのフォトスポットをぜひ見つけてみてください。

市内自動車専用道路の利用がさらに便利に!

東田入口の様子

未来の尾倉ジャンクション東田出入口に国道3号黒崎バイパスがつながった!

北九州高速5号線と国道3号黒崎バイパス(国土交通省)とを直結する都市計画道路枝光大谷線(尾倉ジャンクション(東田出入口))は、橋梁部約440m、一般部約670mからなる自動車専用道路です。

企業進出が活発化している東田地区などの、八幡東区北東部から都市高速道路へのアクセスを向上させ、都市内の高速移動を可能とすることで、都市内物流が効率化し、一般道路の渋滞が緩和されました。

北九州都市高速道路路線図

交通管制室から都市高速道路の安全を守る

交通管制室では、都市高速道路上に設置された車両感知器、非常電話、監視用テレビカメラ等により情報収集し、事故や渋滞等に迅速に対応しています。

また、都市高速の道路交通情報を、高速道路本線上や入口付近などの情報板や、ラジオ、テレビ、電話、インターネットなどを用いて提供しています。

担当者から豆知識

JR跨線橋部および跨道橋部は大型クレーンで一気に架設

工事のくふう

JR鹿児島本線を跨ぐ部分は、750tの大型クレーンを使い、上り線、下り線をわずか2日間で架設しました。また、市道を跨ぐ区間についても、550tクレーンと多軸式特殊台車(ドーリー)を併用した大ブロック架設を行い、工期短縮をはかっています。

担当者から豆知識

トシコーマイスターになろう!

不定期開催のイベント時には、普段入ることの出来ない場所からの撮影や橋の点検・修繕の体験が出来ます。

北九州都市高速道路

☎ 093-922-6811
問 福岡北九州高速道路公社
HP https://www.fk-tosikou.or.jp/
見 不可(不定期でイベントを実施)

街を駆ける

生活の足として、無くてはならない「北九州の鉄軌道」。駅舎に列車にロケーションと、魅力や工夫がいっぱいです。

北九州モノレール

日本初の都市モノレール

北九州モノレールは、日本初の都市モノレールとして昭和60年1月に開業し、累計4億人以上の方々に利用されています。

小倉駅から企救丘駅までの8.8㎞を片道約19分で結んでおり、1日約100往復の運転を行っています。

小倉の街の展望台 北九州モノレールで観光を大満喫

北九州モノレールは、通勤・通学等の利用だけでなく、小倉市街地や北九州の台所・旦過市場、小倉競馬場やアドベンチャープールなど観光やお出かけでの利用も非常に便利です。

モノレールならではの高い車窓からは、北九州高速4号線を越える珍しい風景や、企救丘周辺の壮大な山並み、お花見シーズンには志井川の桜並木等、空中散歩をしているかのような景色が楽しめます。

担当者から 豆知識

車両整備工場や工作者の見学（イベント時）は大興奮です！

普段は入ることのできない車両整備工場内の見学（要予約）がオススメです。不定期開催のイベント時は、運転席での車掌体験や、夜間に運行する作業車の見学等も出来る場合がありますので、要チェックです！

北九州モノレール

〔施設完成時期／昭和60年1月開業〕

☎ 093-961-0101

問 北九州高速鉄道株式会社　総務課

HP https://www.kitakyushu-monorail.co.jp/

所 小倉南区企救丘二丁目13番1号

見 可（不定期で車両基地見学ツアー等も実施）

筑豊電気鉄道

「ちくてつ」の愛称で親しまれる電鉄

北九州市の副都心である黒崎を起点に、中間市を経て直方市までを35分で結ぶ全長16㎞の路線です。全線複線の鉄道線でありながら、路面電車(車両)で運行する全国的にも珍しい鉄道です。かつて、西鉄北九州本線(路面電車)と直通運転していた歴史を色濃く残しており、始発の駅である黒崎駅前駅は、平面による電車・バスのスムーズな乗り換えに配慮した交通結節点になっています。

乗入れしていた西鉄北九州線の歴史

西鉄北九州線は、明治44年に門司～黒崎駅前間を開業、大正3年に黒崎駅前～折尾間を開業しており、北九州本線、戸畑線、枝光線、北方線の4路線・全長44．3㎞で営業しておりました。西鉄北九州本線は、戦後復興に端を発した北九州工業地帯の発展により、ラッシュ時には約40秒間隔の運行密度となりました。昭和36年度には、年間輸送人員が1億6,689万人と最高レベルに達し、東京都電、大阪市電についで日本第3位、運行密度や車両水準では日本一と謳われました。

しかしながら、昭和55年に北方線を北九州高速鉄道㈱(北九州モノレール)の建設に先立ち廃止、昭和60年に北九州線(門司～砂津間)、戸畑線、枝光線、平成4年に北九州本線(砂津～黒崎駅前間)、平成12年に黒崎駅前～折尾間が廃止となり、89年間にわたって北九州市民の足として親しまれた西鉄北九州線は幕を下ろしました。黒崎駅前～熊西間は西鉄から譲渡され、現在は筑豊電気鉄道が引き継ぎ運営しています。

筑豊電気鉄道
☎ 093-243-5525
問 筑豊電気鉄道株式会社
見 不可(不定期で運転体験等のイベントを実施)
HP http://www.chikutetsu.co.jp/

乗車記念スタンプやオリジナルグッズが盛りだくさん

黒崎定期券うりばと楠橋電車営業所に、乗車記念スタンプを設置しており、自由に押印することができます。また、オリジナルグッズを販売しており、駅名標や電車型のキーホルダー、文房具、Nゲージ等幅広く取り揃えております。

運転体験は一生に一度の体験です

不定期開催のイベント時には、実物の車両の運転等が体験でき、一生に一度の思い出づくりが出来ること間違いなしです!

担当者から豆知識

開業記念乗車証

街をくぐる

北九州のトンネル
- 電 093-582-2274
- 問 建設局道路部道路維持課
- 所 市内各所
- 見 可

北九州市内には、一般道路、高速道路等の有料道路、鉄道などに多くのトンネルがあります。その中で最も生活に密着しているのが、一般道路のトンネルです。その中から、特徴のあるトンネルを紹介します。

関門鉄道トンネル

- 所 下関市彦島江の浦町一丁目～門司区梅ノ木町
- 見 不可

関門鉄道トンネルは、山陽本線下関・門司駅間にある延長約3.6㎞の海底鉄道トンネルで、下関市彦島江の浦町と北九州市門司区梅ノ木町を結んでいます。

本州と九州を鉄道で結ぶ構想は、明治時代に始まり、明治29年秋、全国商業会議所連合会が博多において開催され、「開門海峡に鉄道隧道の建設が緊要なこと」を帝国議会に請願しました。

明治44年、鉄道院総裁後藤新平はこの研究に着手させ、大正元年、列車の海峡横断を①フェリー案、②橋りょう案、③トンネル案の3つで検討した結果、輸送効果・建設費および国防上の理由でトンネル案が有力となりました。大正3年、欧米の水底トンネル工法を視察し技術的にも可能となり、工事費は1，864万円の予算を帝国議会に提出し協賛を得て、大正8年から本格的な調査・測量に入りました。ところが、第一次大戦の物騰ならびに大正12年の関東大震災等でトンネル建設計画の中断を再々繰り返しました。昭和10年、鉄道大臣内田信也は「関門隧道技術委員会」を設置し、ルート等の研究を重ねましたが、当初は下関の田ノ首から門司の新町を結ぶルートが有利とされましたが街がさびれるとの門司市民の嘆願により、現在のルートに決定しました。

昭和11年9月19日、盛大な起工式とともに念願のトンネル建設が始まりました。工事は、下関側彦島弟子待町と門司側小森江の竪坑から試掘導坑を掘り、本体トンネルは、日本で初めての本格的なシールド工法を採用したほか、潜函工法・圧気工法など最先端の技術が駆使されました。

昭和17年11月15日下り線が開通し、その後昭和19年8月8日には上り線も開通し、9月9日に複線運転を開始しました。

また、トンネル内は、長さ・勾配・輸送量等を勘案し、電化することとし、電化区間は下関側幡生操車場から門司側門司操車場までとしました。電化方式は、直流電化とし、下関と門司にそれぞれ専用の変電所を新設し、これらは、九州では初めての電化となりました。

①最古のトンネル 旧桜隧道

門司区丸山吉野町～春日町

建設は大正3年であり、建設後約110年になります。素掘(すぼり)という工法で施工されており、表面が凸凹しているのが特徴です。

②最新のトンネル 砂津長浜トンネル

小倉北区砂津一丁目～長浜町

供用は令和4年になります。都心部(まちなか)での工事であったため、開削部では既存道路に影響が少ない、さくさくSLIT工法を活用し、鉄道交差部では、推進工法のURT工法で建設しました。

③改修のトンネル 手向山《たむけやま》トンネル

小倉北区赤坂四丁目

古くなったトンネルは、リフォームして利用しています。手向山トンネルは、昭和16年に建設され、平成13年に再整備を行いました。プロテクターという鋼製のトンネルを内側に設置し、車両や歩行者の安全を確保しながら、通行を止めずに行われました。

④ 延長 L=280m

担当者お気に入りのトンネル櫨ヶ峠隧道
(小倉南区大字道原)

担当者から
豆知識

櫨ヶ峠隧道《はぜがとうげずいどう》

小倉南区の東西を結ぶ重要なトンネルです。建設は昭和6年であり、旧桜隧道に次いで二番目に古いトンネルとなっています。トンネル周辺は薄暗く、幽玄的な雰囲気です。現地には、駐車場はありませんが、ドライブで通ってみてください！

街のトンネルは
物流を支えているよ！

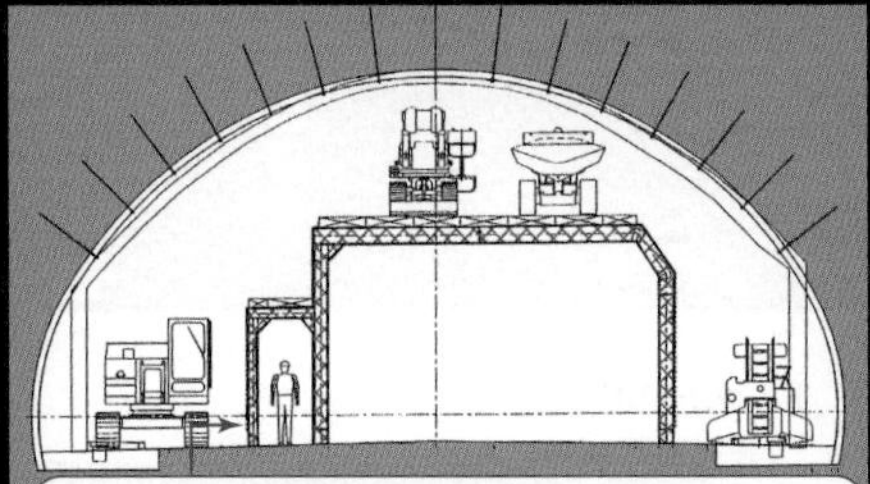

プロテクター：車両・歩行者を防護する鋼製トンネル

③ 延長 L=72m

手向山トンネル

新関門トンネル

所 下関市一の宮町二丁目～小倉北区下富野二丁目
見 不可

新

関門トンネルは、新下関～小倉駅間を結ぶ総延長18．7㎞の新幹線のトンネルです。関門海峡を横断して本州と九州を結ぶトンネルとしては、JR在来線の山陽本線関門鉄道トンネル、関門国道トンネルに続く3番目のトンネルです。

新関門トンネルの工事は、①曲線、こう配等厳しい新幹線規格をみたすルート選定に苦慮したこと、②海底を通過することと、その延長から山陽新幹線岡山～博多間の開業時期を左右すること、③施工計画および海底部ならびに土被りの少ない市街地区間の施工等に特に配慮したことなどが特徴です。関門鉄道トンネル、関門国道トンネルの経験が大いに参考になりました。

トンネルのルートは、本州方の火の山直下を貫いて、関門国道トンネルの東約400m、関門橋の東約500mの位置で、古戦場壇ノ浦付近の早鞆の瀬戸を横断して九州に入ります。縦断的には、起点方坑口から1.8％の急勾配で下り、海峡のほぼ中央部が最も低く海面下66mで、これより九州方に向かって0.7％の勾配で上がっています。

海底区間の延長は約880mでトンネル全延長の5％に過ぎませんが、海底部の最小土被り24mの箇所での掘削中には、海上を往きかう船舶のスクリュー音が聞こえていたそうです。そして、本州方の海底部には、関門海峡の形成にも関係があると思われる幅30mにもおよぶ大きな断層があり、これらの突破が当時、岡山～博多間の開業の鍵を握っていました。

また、掘削時の海水成分を含む湧水の影響による諸機械の故障が続出し、昭和48年末からの石油ショックによる諸資材の欠乏と諸物価高騰、熟練作業員の不足など、直接工事以外のトラブルもあって、工事は困難を極めましたが、昭和49年6月に完成を迎えました。

新関門トンネルは、平成23年3月12日の九州新幹線全線開業以来、本州と九州を結ぶ新幹線トンネルとして、ますます重要な設備として位置付けられています。

本州と九州を繋いで
生活や産業を支えるよ！

優美な一面を魅せるライトアップされた関門橋

関門トンネル〔施設完成時期／昭和33年3月10日 開通〕
083-232-2811 問 西日本高速道路（株）下関管理事務所
HP https://www.w-nexco.co.jp
所 起点：下関市椋野町二丁目 終点：北九州市門司区東門司一丁目
見 可（人道トンネルのみ） P 22台（本州側のみ・無料）
時 6:00〜22:00（人道トンネル）
休 無（人道トンネル）
¥ 歩行者無料（人道トンネル）

関門橋〔施設完成時期／昭和48年11月14日 開通〕
083-232-2811 問 西日本高速道路（株）下関管理事務所
HP https://www.w-nexco.co.jp
所 起点：下関市壇之浦町 終点：北九州市門司区大字門司
見 不可

関門海峡の海面下、本州と九州をつなぐ海底トンネル

関門トンネル

関門トンネルは、関門海峡の海面下に建設された、山口県下関市と福岡県北九州市を結ぶ国道2号の海底トンネルです。完成まで21年の歳月をかけ、昭和33年に開通しました。有料道路として、西日本高速道路株式会社が管理しています。

延長は3，461m、うち海底部分780m間は上断面が車道、下断面が人道の二層構造となっています。

車両通行台数は約3万台／日（平成23年度実績）で、本州と九州をつなぐ交通の要衝となっています。

トンネルの断面図

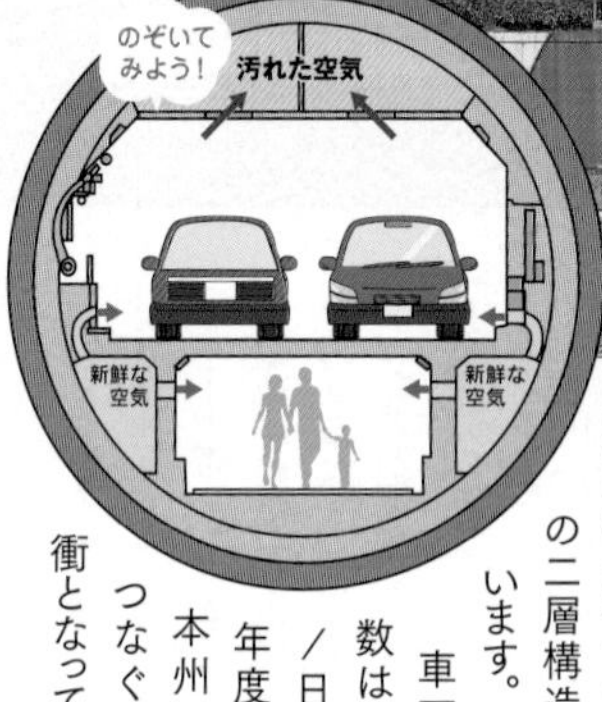

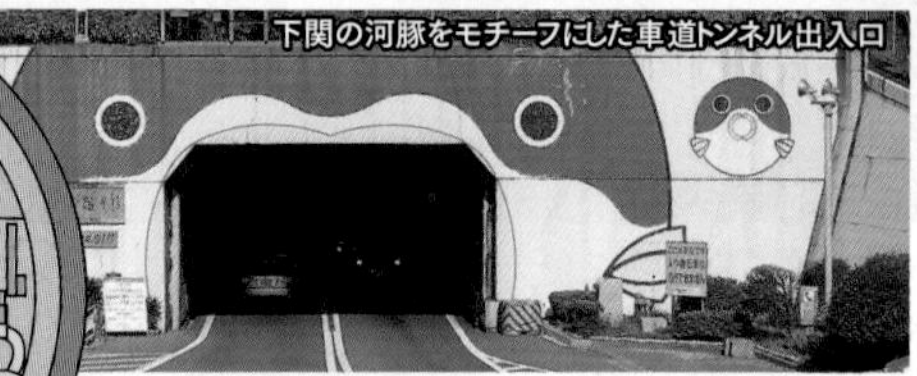

のぞいてみよう！
汚れた空気
新鮮な空気
新鮮な空気

下関の河豚をモチーフにした車道トンネル出入口

関門海峡を歩いて渡る！人道トンネル

地上の人道入口からトンネルまではエレベーターが利用できます。歩行者通行料は無料です。軽車両等（自転車・原付）は20円の通行料が必要で、どちらも押して歩きます。

日常の移動手段としてだけでなく、ジョギング・ウォーキングコースとしても利用されています。

ココが県境！

◀関門トンネル人道入口

トンネル内では本州と九州の県境を見ることができる。

関門海峡に架かる長大吊橋

関門橋

関門橋は、関門海峡に架けられた、山口県下関市と福岡県北九州市を結ぶ橋長1，068mの吊橋です。当時の我が国最先端の技術を駆使して、昭和48年に完成しました。関門自動車道の一部をなし、西日本高速道路株式会社が管理しています。車両通行台数は約3万7千台／日（平成23年度実績）で、本州と九州をつなぐ交通の要衝となっています。

壇ノ浦 下関 全長1,068m めかり 北九州

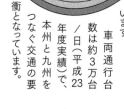

桁下から海面までは61mの高さだって！

関門航路

日本の産業・経済を支える大動脈

関門航路は、日本海と瀬戸内海を結ぶ関門海峡に位置し、韓国や中国等の東アジアと日本の主要港を結ぶ国際航路であり、また、国内の各港を結ぶ幹線航路です。

関門航路の整備は明治43年に始まり、現在は、全長約50㎞、幅500mから2,200m、水深12mとなっています。

関門航路の通行船舶は非常に多く、500総トン以上の船舶が年間約6万隻通航しています。経済活動や生活に欠かせない原材料や燃料、食料品や製品等を積んだ貨物船やコンテナ船、フェリーやタンカー等の様々な船舶が行き交う、日本の産業と経済を支える大動脈です。

海翔丸

海翔丸は航行しながら関門航路を浚渫するので、他の船舶の通航を妨げずに作業を行うことができます。

壇ノ浦の戦い

関門海峡は、源氏と平家の最後の決戦「壇之浦の合戦」や、宮本武蔵と佐々木小次郎の「巌流島の決闘」の舞台となっています。

より良い航路を目指して

関門航路は、現在水深12mで供用していますが、近年の船舶大型化に対応できておらず、大型コンテナ船の迂回による輸送時間・コストの増加や、大型貨物船の喫水調整による輸送コストが増加しています。

このため、計画水深14mに向けて航路の増深、拡幅を行うことにより、大型船舶の輸送の効率化及び船舶航行の安全性を確保し、国際競争力の強化や生活の質の向上を図ることを目的としています。

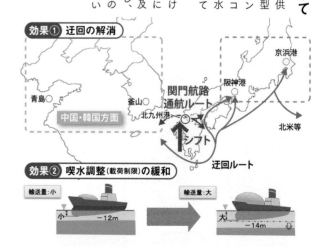

効果① 迂回の解消

効果② 喫水調整(載荷制限)の緩和

豆知識1

航行可能な幅が最小で約500mと狭く、またS字型に湾曲した航路は見通しが悪く、さらに関門橋付近では激しい潮流（最速約9.4ノット（1ノット＝1.852km/h）により航行条件が厳しいことから、日本有数の海上交通の難所になっています。

豆知識2

関門航路の浚渫土砂は、北九州空港の土地の埋立に有効活用されています。

関門航路

☎ 093-512-8091
問 国土交通省九州地方整備局関門航路事務所
HP https://www.pa.qsr.mlit.go.jp/kanmon/
見 不可

北九州学術・研究都市

研究・開発機能の拠点整備

学術研究都市の整備にあたっては、「彩のまち響きの」をコンセプトに周辺の自然環境や都市環境を活かしながら、先端技術に関する教育・研究機関の集積と、良好な住宅地の供給を同時に行う「複合的なまちづくり」を土地区画整理事業の手法を用いて実施しました。

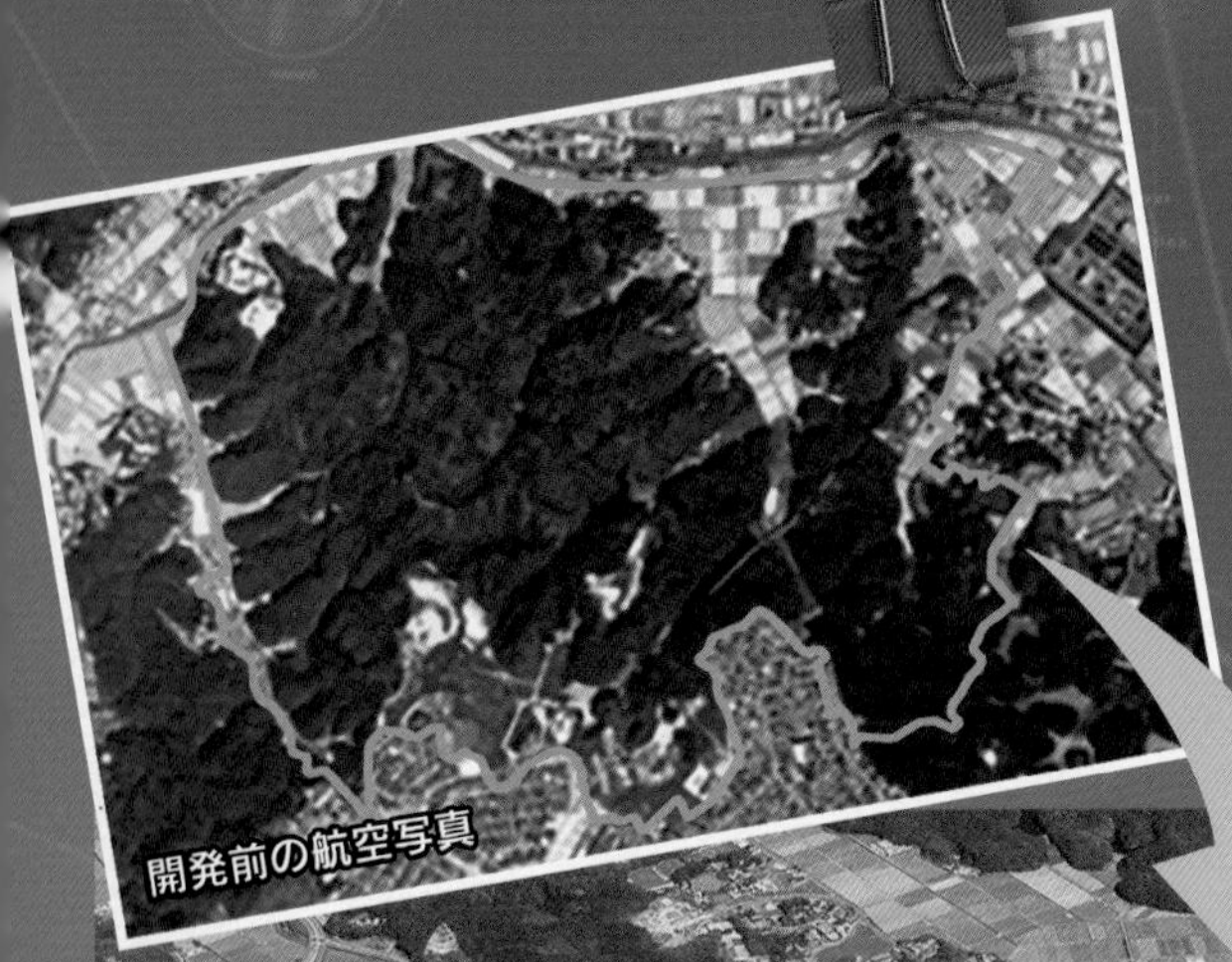
開発前の航空写真

第1期事業区域面積

121.4ha

若 松 区（ひびきの、ひびきの北、ひびきの南、小敷ひびきの、塩屋）
八幡西区（本城学研台）

第2期事業区域面積

135.5ha

若 松 区（小敷ひびきの、塩屋、ひびきの北）
八幡西区（本城学研台）

北九州学術・研究都市
TEL 093-582-2469
問 建築都市局都市再生推進部事業推進課
HP https://www.ksrp.or.jp/
見 可（自由見学）

第１期事業は南側の地域を対象とした都市再生機構施行の土地区画整理事業により、道路、公園、大学関連施設用地、住宅地などが整備されました。現在、４つの大学と研究機関、40を超える企業等が進出しています。

第２期事業は、北側の地域を対象とした市施行の土地区画整理事業により、道路、公園、大学関連施設用地、住宅地などが整備されています。

担当者から 豆知識

事業着手前からある山林を残すことで、自然環境を保全する取り組みも行いました。

駅前広場の整備

下曽根《しもそね》駅北口駅前広場

かつて下曽根駅北口では、駅前広場にバスの乗り入れができず、歩道の無い駅前の道路(門司行橋線)において、バスの乗降を行っていました。

駅前広場の整備を行うことで、ＪＲとバスの公共交通結節機能も強化され、利用者の利便性・安全性が向上しました。

景観への配慮

下曽根駅北口駅前広場の位置する下曽根地区は、景観重点整備地区に指定されています。

景観重点整備地区では、建築物や工作物の景観に配慮する必要があるため、下曽根駅北口駅前広場においても、照明灯や舗装等、景観に配慮した整備が行われました。

下曽根駅北口駅前広場のスムーズ横断歩道

下曽根駅北口駅前広場内の横断歩道には、歩行者の安全を守るため、スムーズ横断歩道が整備されています。

下曽根駅北口駅前広場
093-582-2191
問 建設局道路部街路課

八幡駅前広場

本市の主要駅のひとつですが、一部で自動車と歩行者の導線が錯綜する部分がある上、施設全体の老朽化が見られていました。交通結節点としての機能強化を図るとともに、まちの玄関口としてふさわしい駅前空間の形成を目指し、再整備を行いました。

景観への配慮

八幡駅前広場を含む国際通り地区は景観重点地区に指定されており、地区の景観に配慮した舗装や照明などを使用しております。

八幡駅前広場内のスムーズ横断歩道

八幡駅前広場内の横断歩道には、歩行者の安全を守るため、スムーズ横断歩道が整備されています。

八幡駅前広場
093-582-2191
問 建設局道路部街路課

スムーズ横断歩道

車道方向にはハンプ構造とすることで自動車の走行速度の低減を図るとともに、歩道と横断歩道の段差が減少することにより、歩道と横断歩道の通行がスムーズになります。

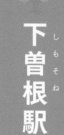

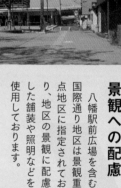

生活を守る その時に、備える

勝山公園地下防災倉庫

勝山公園は、市の地域防災計画で広域避難地に位置づけられており、再整備事業で、ヘリコプターが発着できる芝生広場や、災害時の避難救助活動等に必要な資機材を備蓄する地下防災倉庫が整備されました。都市計画道路城内大手町線のトンネル工事によって生じる斜面を利用して、幅5m、高さ3.3m、奥行き30mのBOXカルバートが埋設されており、このうち10m分を備蓄倉庫として利用しています。

倉庫内

災害時の救援物資を備蓄!!

勝山公園地下防災倉庫
〔施設完成時期：平成18年12月〕
093-582-2460
問 建設局公園緑地部みどり・公園整備課
所 小倉北区城内　見 不可

砂津防災拠点施設

北九州港では、平成7年の阪神淡路大震災を契機に、耐震強化岸壁の計画・整備を行ってきました。

浅野1号岸壁は水深7.5mの耐震強化岸壁として平成7年工事着手し、平成12年に完成しました。

強い地震でも倒壊、損壊しない耐震強化岸壁は、大規模な地震が発生した場合、住民の避難や物資の緊急輸送等を確保し、経済社会活動への影響を最小限に抑えるために、必要なコンテナ、フェリーの物流機能を維持しています。

耐震強化岸壁

強い地震でも岸壁が倒壊、損壊しないように補強することです。浅野1号岸壁では、設計時に構造物を大きく設計し重さを増すことで補強しました。

耐震強化岸壁

砂津防災拠点施設〔施設完成時期／平成12年3月〕
093-321-5975
問 港湾空港局港湾整備部整備課
HP http://www.kitaqport.or.jp/jap/ct/etc_kokura.html
所 小倉北区砂津地先
見 可　P 無　時 随時　休 無　¥ 無料

担当者から豆知識

防災拠点

災害時に防災活動の拠点となる施設や場所のことです。耐震強化岸壁と背後の荷さばき地のオープンスペースは、避難地や緊急物資基地としての機能も有しています。

まちづくりを再発見できる

DOBOKU

歴史を感じる

Feel the history

先人たちの努力の証が
このまちの至る所に溢れています。
これらの宝物を未来への架け橋に。

SINCE 1891
ノスタルジックな風を感じる JR門司港駅

JR門司港駅

☎ 093-321-8843

所 門司区西海岸一丁目5-31

ネオ・ルネッサンス風を基調とした左右対称の端正な意匠は国の重要文化財に指定されています。

門司港駅は、明治24年に九州鉄道の門司（現在の門司港駅）・高瀬（現在の玉名駅）間の開通に伴って、九州鉄道の起点駅として開業しました。

初代の駅舎は木造・平屋建、切妻造でした。

10年後の明治34年に関門連絡船の運航が開始され、本州と鉄道と結ばれて多くの旅客と貨物がこの駅を経由することとなり、門司駅（現在の門司港駅）は九州の表玄関に育っていきます。（関門連絡船は、昭和39年に関門鉄道トンネルや関門国道トンネルの建設により廃止となりました。）

門司港地区の発展に伴って、初代の駅舎は手狭となり、また老朽化が進んだことにより、改築することとなりました。二代目の駅舎は、初代の駅舎から約３００m西方の海岸に沿い、かつ対岸の下関と結ぶ連絡船の乗降に便利な現在の位置が選定されました。

二代目の駅舎の工事は、大正2年に着手し、翌大正3年に営業を開始しました。

駅舎は、ネオ・ルネッサンス風を基調とした木造モルタル塗の洋風建築物であり、建物の中央部は「門」をイメージした二階部分と、その両側の平屋部分から構成され、左右対称の端正な意匠となっています。

二階には貴賓室を設けるなど高い格式と風格をもち、昭和63年に全国で駅舎としては初めて、国の重要文化財に指定されました。

また、昭和17年の関門鉄道トンネルの開通に伴って、トンネル口にあたる大里駅が門司駅に、これまでの門司駅は門司港駅に改称されました。

0哩（ゼロマイル）標

門司港駅改札の中には、「0哩（ゼロマイル）標」と「関門連絡船通路跡」があります。

「0哩（ゼロマイル）標」には九州の鉄道の起点、九州の産業・文化がここを起点に繁栄したことが刻まれています。

関門連絡船通路跡

現在は封鎖してあり通行できませんが、関門連絡船が航行していた当時、駅から船着場へ移動するために地下通路を利用していたことが感じられます。

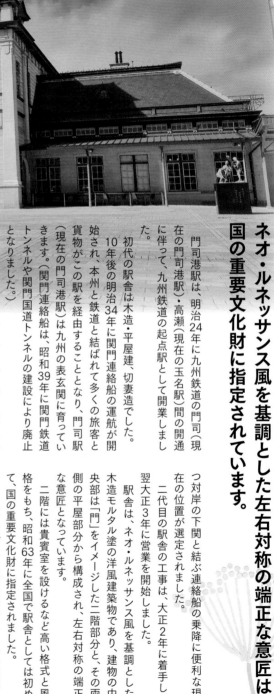

門司港のシンボル
港の変遷、数々の歴史を見てきた建物
北九州市旧門司税関

明治42年に門司税関が発足したのを契機に、明治45年、門司税関庁舎として建てられました。昭和2年に税関の新庁舎が西海岸通り(現在の門司港湾合同庁舎地)に移されてからは、民間に払い下げられ、事務所や倉庫などに使われていました。

「旧門司税関」は、赤レンガ造りの木骨構造で、ルネッサンス様式の美を追求したきわめて優れた建築物であり、しかも、明治、大正、昭和の門司港の変遷を見守ってきたシンボル的存在でした。このため、平成2年に北九州市が取得し、市民の憩える場所として、平成6年に赤煉瓦を特注して、建物が本来持つ魅力をよみがえらせるための復元を行い、近代的なデザインとモダンなネオ・ルネッサンス調が交わり非常に奥深い建物となりました。

1階エントランスホール

1階は天井吹き抜けの広々としたエントランスホール、休憩室、喫茶店「レトロカフェ」、展示室、2階はギャラリーと関門海峡や門司港レトロを一望できる展望室となっています。

平成の技術者の技
明治の技術者の技を現在に蘇らせた

1. 建物両翼の復元
2. 屋根の葺き替え
3. 建物全体の構造補強
4. 基礎の補修
5. 煉瓦壁のひび割れの補修
6. 飾り石(まぐさ)の補修

■ 当時の税関庁舎と市街図

■ 現在の旧門司税関とはね橋

北九州市旧門司税関〔改修完了／平成6年12月〕

☎ 093-321-6111 HP https://www.mojiko.info/spot/zeikan.html

所 門司区東港町一丁目24 見 可 P 無(周辺に有料駐車場有) 時 9:00～17:00 休 年中無休 ¥ 無料

近代遺産
国際貿易港・門司の繁栄を象徴する
旧大連航路上屋

旧大連航路上屋は、日本と中国を結ぶ大連航路の国際旅客ターミナルとして昭和4年に建てられ、第二次世界大戦の終戦まで日本の玄関口としての役割を果たし、終戦後は公共倉庫として利用されました。

国際貿易港・門司の繁栄を象徴する近代遺産であることから、これを保存・活用し、市民や観光客が集い、憩う施設として整備が行われました。

日本遺産(関門地域)の構成文化財の一つとなっています。

1階

エントランスホールでは、北九州港の歴史や門司港に寄港した客船等を紹介し、松永文庫では、6万点を超える貴重な映画関連の資料の中から毎回テーマを決めて企画展示をしています。

また、様々なイベントに利用できる800㎡の多目的スペースや音楽・ダンスの練習などに使用できる鏡張り・防音の多目的室等を備え、幅広い用途で活用されています。

2階

往時の待合室の雰囲気を再現したホール(2階)では、映画の上映やコンサートなどのコミュニティスペースとして利用されています。また、休憩室や屋上広場は市民の憩いの場として開放しています。

担当者から豆知識

活用例

2階のホールでは、門司港を舞台にした映画の上映会や音響設備を使ったコンサートが行われました。

旧大連航路上屋

☎ 093-322-5020 問 旧大連航路上屋

HP https://www.gururich-kitaq.com/spot/dairen-uwaya-matsunaga-bunko

所 門司区西海岸一丁目3-5

見 可 P なし 時 9:00～17:00 休 年4回不定休 ¥ 無料

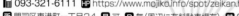

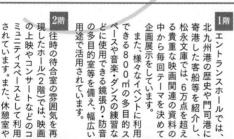

記念モニュメント(水道蛇口)

平成23年の北九州水道100周年で設置した記念碑です。給水開始とほぼ同時期に設置されたJR門司港駅内にある共用栓をモデルに製作しました。

記念モニュメント(水道蛇口)

〔施設完成時期／平成23年〕

☎ 093-582-3066

問 上下水道局水道部配水管理課

所 門司区東港町一丁目9

見 可 休 なし ¥ なし

MOJI RED BRICK PLACE

門司赤煉瓦プレイス

大里《だいり》本町《ほんまち》土地区画整理事業

「食・遊・住」の3つの機能が融合した 門司区の地域中心核にふさわしい都市拠点整備

大里本町地区は、JR門司駅やサッポロビール九州工場跡地などを対象とした組合施行の土地区画整理事業により、国道199号、公園などが整備されました。当初は、大正2年建設のビール工場をすべて解体する計画でしたが、これらの煉瓦建物群を街づくりの核として、また「まちの顔」となるように保存していきたいという機運が盛り上がり、「門司赤煉瓦プレイス」として再生し、まちづくりのシンボル施設として活用されています。

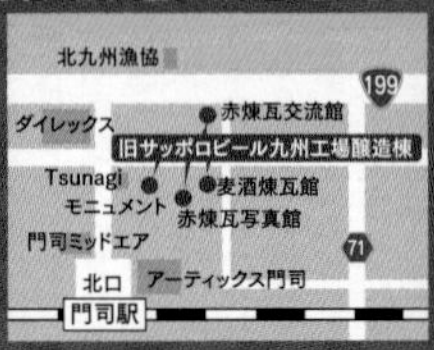

大里本町土地区画整理事業

〔施設完成時期／平成18年10月〕
☎ 093-582-2469
問 建築都市局都市再生推進部事業推進課
所 門司区大里本町三丁目ほか
見 可（各施設は除く。現地の状況は各自で確認可）

赤煉瓦写真館
（旧サッポロビール九州工場組合棟）

大正6年建築の煉瓦造平屋建ての建築物で、醸造棟と同じく、基本設計はドイツのゲルマニア社と伝えられ、実施設計は林栄次郎と推定されています。床は地盤面より1.7m高く作り、北面に扉口、周囲にアーチ窓を開き、柱型を外に見せ、要に石材を使用するなど立体感のある建物で、工場の付属施設としては装飾性が高いものとなっています。

現在は写真館として活用、レトロな雰囲気のなかで、思い出に残る記念写真を撮影できます。

〔施設完成時期／平成17年5月〕 所 門司区大里本町三丁目6-1 見 不可 P 有
☎ 093-372-0962 問 特定非営利活動法人 門司赤煉瓦倶楽部

門司赤煉瓦プレイス
HP https://mojirenga.jp/

旧サッポロビール九州工場醸造棟

大正2年建築の煉瓦造7階建ての建物で、煉瓦造の建物としては非常に大規模な工場建築です。ビール製造過程に従い異なる高さの建物が組み合わされ、平成12年度まで醸造所として稼働していました。ドイツ製の製造機器が残されており、戦前のビール製造のあり方を知る大変貴重な現存例です。建物は、現在モニュメントとして保存されており、年に数回、内部が公開されています。

ドイツ製のビール製造機器が残されており、ドイツ語の記載が確認できる。

〔施設完成時期／平成18年1月〕
☎ 093-372-0962
問 特定非営利活動法人
門司赤煉瓦倶楽部
所 門司区大里本町三丁目6-1
P 有
休 毎週月曜日
（月曜日が祝日の場合は翌日）
12/29～1/3まで

北九州市門司麦酒煉瓦館
（旧サッポロビール九州工場事務所棟）

大正2年に帝国麦酒株式会社（現、サッポロビール株式会社）門司工場の事務所として建築された、日本における最初期の鉱滓煉瓦建造物であり、現存最古の本格的鉱滓煉瓦建築です。当時の醸造棟や倉庫棟が赤煉瓦を使用しているのに対し、黄白色の鉱滓煉瓦を使用したドイツ・ゴシック様式に近い様式が特徴です。

階段の桜マーク

階段にはケヤキの一枚板を使用。
手すりの親柱には当時製造されていた「サクラビール」の象徴である桜の花弁の彫刻が施されています。

〔施設完成時期／平成17年5月〕
☎ 093-382-1717
問 北九州市門司麦酒煉瓦館
所 門司区大里本町三丁目6-1
見 可 P 有 時 9:00～17:00
休 12/29～1/3
¥ 大人100円（団体80円）
中学生以下50円（団体40円）
4歳未満は無料
※団体は30名様以上です。

赤煉瓦交流館
（旧サッポロビール九州工場倉庫棟）

大正2年建築の煉瓦造2階建ての建物で、切妻屋根、鉄板葺を持つ倉庫を2列に並べています。現在は、この倉庫棟や醸造棟などの貴重な赤煉瓦建物の保存・活用を市民の手で行うために、特定非営利活動法人門司赤煉瓦倶楽部が設立され、地域交流の場所として活用されています。また一部エリアにはベーカリーが出店されており、人気を博しています。

〔施設完成時期／平成18年1月〕
☎ 093-372-0962
問 特定非営利活動法人門司赤煉瓦倶楽部
所 門司区大里本町三丁目11-1
見 可（要予約）
P 有
休 毎週月曜日（月曜日が祝日の場合は翌日）、
12/29～1/3まで

製鐵所の歴史が刻み込まれた最も古い岸壁

…西田岸壁〜中央岸壁〜松ヶ島岸壁…

現存する製鐵所の最も古い約2㎞にわたる岸壁。公開岸壁からは、磯の香りがただよう洞海湾と製鐵所が一望。

八幡地区には、明治39年から大正14年にかけて建設された西田岸壁、中央岸壁、堂山製品岸壁、松ヶ島岸壁などが約2㎞にわたってあります。

これらの岸壁では、鉄鉱石や石炭など鉄作りに不可欠な原料を揚陸し、造り出された大量の鉄製品を積み出していました。中でも西田岸壁は、現在ある八幡製鐵所の岸壁施設の中で最も古く、明治39年に造られました。

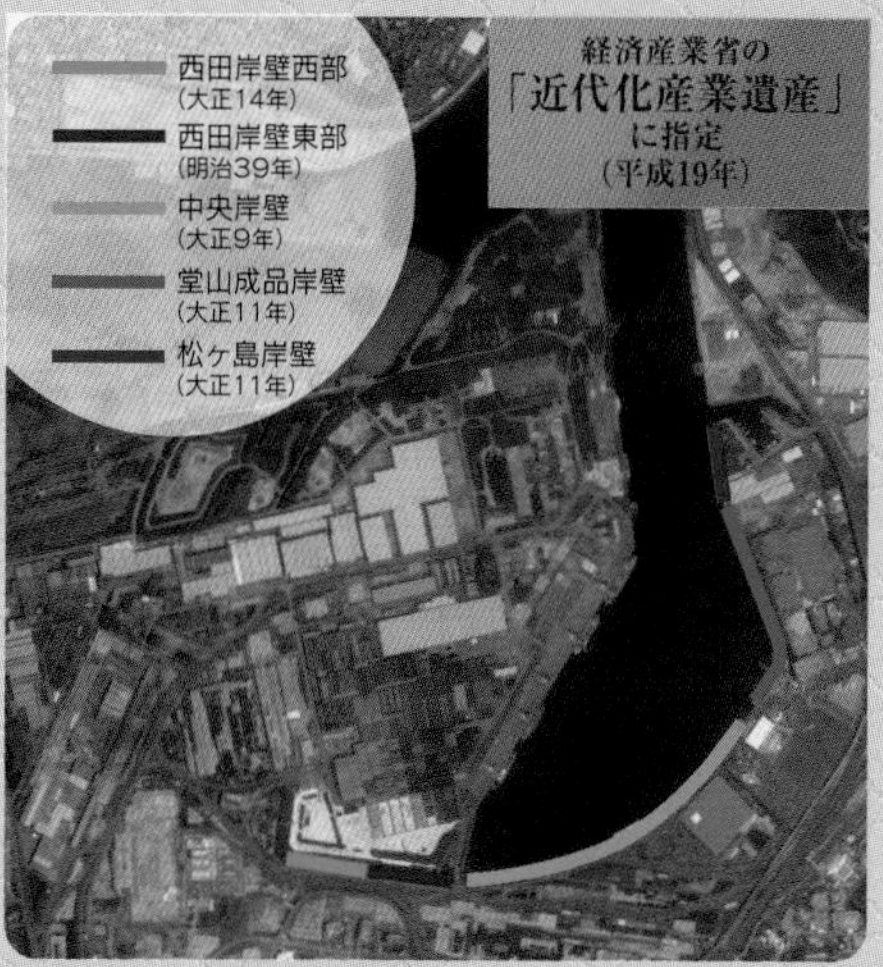

中央岸壁全景(大正時代撮影)

中央岸壁より堂山岸壁、松ヶ島岸壁を望む

公開岸壁の整備状況 中央岸壁一部〜堂山岸壁〜松ヶ島岸壁

西田岸壁東部

中央岸壁の風景(JRAウインズ八幡前)

花崗岩にて美しく積まれた
中央岸壁〜堂山岸壁〜松ヶ島岸壁

西田岸壁は、昭和初期、河内貯水池等の土木建造物を造った沼田尚徳が青年時代に設計したものです。岸壁は、白松を杭とし、切り石とコンクリートがそれぞれ積まれています。排水口にも沼田技師らしい細やかなデザインが施してあるのが特徴的です。現在も建設当初の繋留の鉄柱が一部残っています。
また、中央岸壁〜堂山岸壁〜松ヶ島岸壁の表面には淡い橙色の花崗岩が整然と張り詰められており、青い海と美しいコントラストをなしています。なお、中央岸壁の一部〜堂山岸壁〜松ヶ島岸壁は、公開されています。特に、松ヶ島岸壁は北九州市が休息所を設けるなど憩いの公園として整備されています。

西田岸壁〜中央岸壁〜松ヶ島岸壁
〔施設完成時期／明治39年〜大正14年〕

所 ・西田岸壁：八幡東区大字前田
・中央岸壁：八幡東区大字尾倉〜大字枝光
・堂山岸壁、松ヶ島岸壁：八幡東区大字枝光

見 ・西田岸壁、中央岸壁：非公開
・中央岸壁：一部公開
・堂山岸壁、松ヶ島岸壁：公開

P 無

防波堤となった軍艦「涼月」「冬月」「柳」

…響灘沈艦護岸 ― 軍艦防波堤 ―…

軍艦防波堤

太平洋戦争終戦時に北部九州に残っていた旧日本海軍の駆逐艦「涼月」「冬月」「柳」は損害が大きく、戦時補償として連合国側へ引渡されなかったため、昭和23年9月、洞海港を波浪から守るための防波堤として沈められました。

洞海湾口には元々沖に向かって浅い砂州が伸びており、3艦船は砂州上に沈設され、船体内部に土砂を詰めコンクリートで固定され、船体甲板上の構造は撤去されました。

全長は770m、軍艦部分が約300m、残りは方塊(コンクリートブロック)で整備されました。

「涼月」「冬月」の2艦は、昭和20年4月「沖縄特攻作戦」の戦艦大和の直護衛として出撃し、大破しながらも奇跡の生還を果たした艦です。

昭和36年9月の台風によって、内部の土砂が大きく流出したため、周囲をコンクリートで補強され、また、昭和40年代の響灘埋立・埠頭整備により、2艦は完全に土地の下に姿を消しました。

「柳」は船体の大部分が護岸より上にあるため、姿を残していましたが、平成11年9月の台風で大破したため、平成12年に補強・塗装等の工事を行い、現在に至っています。防波堤としての役割は終わりましたが、今でも「軍艦防波堤」と呼ばれています。

防波堤に生まれ変わった駆逐艦たち

「涼月」(すずつき)

昭和17年に三菱長崎造船所で竣工、
昭和20年に戦艦大和を旗艦とする、
菊水作戦(連合国軍の沖縄諸島
進行阻止を目的とする)に出撃。
米艦の爆撃により船首部分を
大破したが、奇跡的に佐世保港に帰還。

「冬月」(ふゆつき)

昭和19年に舞鶴工廠で竣工、
昭和20年に「涼月」とともに菊水作戦に出撃。
ほぼ無傷で佐世保港に帰還。

「柳」(やなぎ・初代)

大正6年に佐世保工廠で竣工、
第一次世界大戦の際地中海で同盟国である
英仏海軍とともに、ドイツ潜水艦と死闘を
繰り広げ、昭和15年に除籍となり、
主に旧制中学の軍事教練に利用され、
太平洋戦争には従軍していない。

響灘沈艦護岸(軍艦防波堤)
〔施設完成時期／昭和23年9月〕

093-321-5932
問 港湾空港局港営部港営課
所 若松区響町一丁目
見 可 P 無 時 日中(照明無し) ¥ 無料

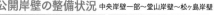

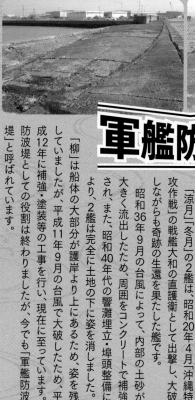

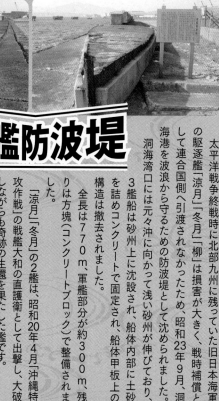

江戸時代の技術

北九州市指定史跡

猿喰新田《さるはみしんでん》潮抜き穴跡

小倉藩における大規模な土木工事 村人が大切に守り続けてきた樋門「潮抜き穴」

猿喰新田は、江戸時代の中頃、飢饉に苦しむ農民を救うため、石原宗祐が行った猿喰湾の干拓によってできた約33haの水田です。宝暦7年（1757）に堤防を締め切る作業に着手しましたが、軟弱地盤であったため困難を極め、小舟に石を積んでそのまま沈め、同9年（1759）にようやく完成しました。

堤防の両側には2基ずつ（計4基）の樋門が築かれました。樋門は新田から海への排水路であると同時に新田に海水が入るのを防ぐ役割も担っています。

村人は門を「潮抜き穴」と呼び樋門番者を置いて大切に守り続けました。

新田の中央を流れる中川を挟み、北側を宗祐の実弟で共に新田干拓を行った柳井賢達が、南側を宗祐が治めることとし、それぞれに厳島神社を建立して豊穣を祈願しました。

潮抜き穴を作った 石原宗祐《そうゆう》

石原宗祐は宝永7年（1710）、大里村の庄屋の家に生まれました。23歳で経験した享保の大飢饉では、大里村でも100人を超す村人が亡くなり、その後の宗祐に大きな影響を与えました。

庄屋となった宗祐は私財を投げ打ち、大里六本松の開作、猿喰湾の干拓事業を完成させました。この功績により小倉藩より曽根新田の干拓を命じられました。

宗祐は、文化3年（1806）、大里村で97歳の生涯を閉じました。

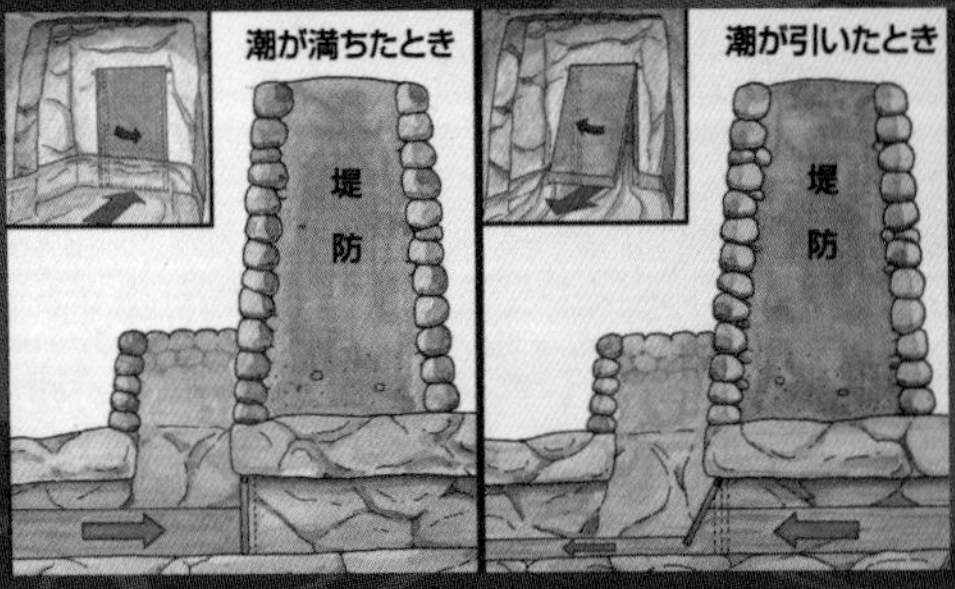

潮抜き穴のしくみ

樋門の中間部には招き戸と呼ばれる海側にしか開かない仕切り扉を設置していました。2基の樋門は海の方からみると、左側の1号通門は岩盤をトンネルのようにくり抜き、右側の2号通門は両脇に板石を立て、天井にも石を置いています。

担当者から 豆知識

猿喰新田潮抜き穴跡（北九州市指定史跡）

〔施設完成時期／宝暦9年（1759）〕

☎ 093-582-2391 問 市民文化スポーツ局文化企画課

HP https://www.city.kitakyushu.lg.jp/shimin/02100265.html

所 門司区大字猿喰1018ほか 見 可 P 無 時 随時 休 無 ¥ 無料

交 西鉄バス「猿喰」から徒歩約15分

小倉城大門跡展示施設

～よみがえる大門～小倉城大門跡

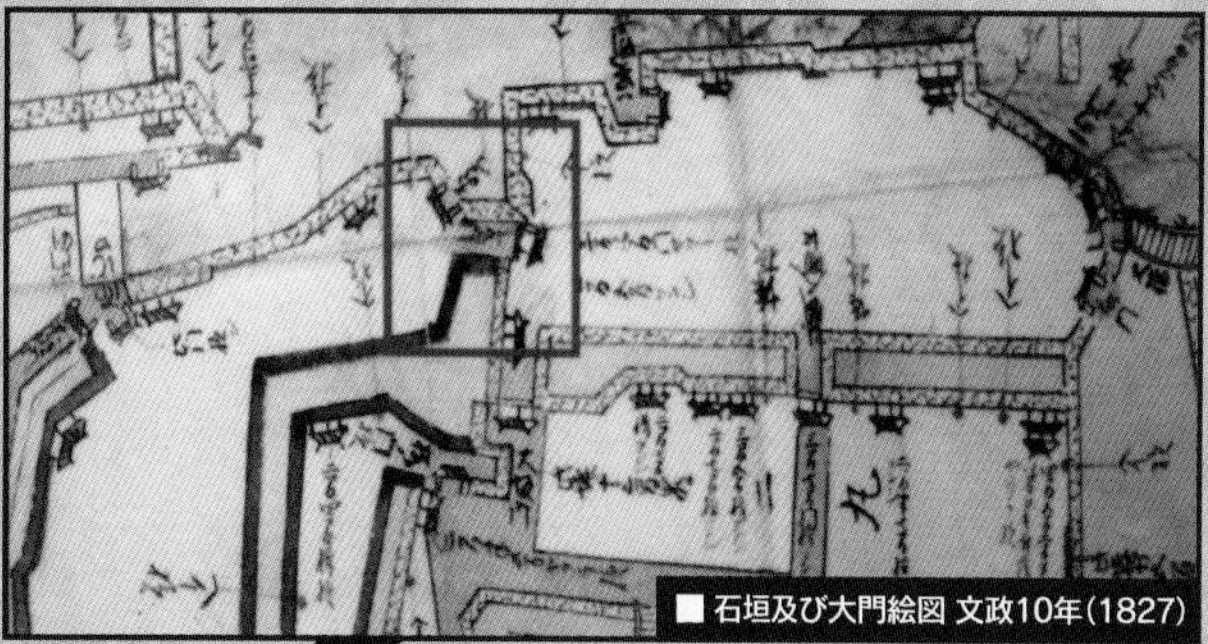

■ 石垣及び大門絵図 文政10年（1827）

長崎街道

■ 小倉藩士屋敷絵図

強化ガラスの下に、
長崎街道の石塁を
保存展示しています。

【大門木町線】

都市計画道路大門木町線の工事に伴い行われた発掘調査で、江戸時代に長崎街道沿いに築かれた「石塁」や「大門」の柱を支えた根石が見つかりました。石塁とは両側を石垣で築いた堅固な塀です。

発掘された「石塁」は、当時の姿のまま保存展示し、また「大門」を復元図によってよみがえらせています。

道路上には「石張舗装」や「小石舗装」などをほどこして、江戸時代の様子を表しています。

大門木町線(小倉城大門跡展示施設)

〔施設完成時期／平成19年10月〕

093-582-2391
093-582-2191

問 市民文化スポーツ局文化部文化企画課(遺跡の内容について)
建設局道路部街路課（施設の整備について）

所 小倉北区大門二丁目

見 可　P 無　時 随時

休 無　¥ 無

HP http://www.kaido-nagasaki.com/places/historical/historical26.html

【小倉城石垣】

江戸時代初めの代表的な石垣

小倉城郭の形成は関が原の合戦後、江戸時代はじめ小倉藩初代藩主となった細川忠興によって慶長7年（１６０２）から開始されました。城の本丸を中心に、周囲に二ノ丸、三ノ丸を配し、同時に紫川西方の西曲輪、東方の東曲輪からなる城下町を形成して、全体を堀、石垣、河川、土塁で防御する総曲輪の城郭です。その城郭を形成した石垣の見事さは今でも天守閣及びその周辺に残る石垣に見ることが出来ます。

細川氏は「穴太衆」として知られる石積み技術者を藩内に抱え、普請組織や石切場を所有した石垣造営に造詣の深い大名家として知られています。忠興の手になる小倉城石垣は、自然石を用いた野面積みの石垣であり、特に天守台周辺の石垣は慶長初年頃の代表的な石垣として有名です。

その後、細川氏の後を受けて寛永9年（１６３２）小倉藩主となった小笠原氏はおよそ２４０年間この地を支配し、石垣補修も度々行ってきました。石積み法としては17世紀半ばから、規格化された同質の石を用いるため大量生産が可能であり、構築法も容易である間知石積みが一般化します。しかし現存する城の石垣には間知石積みは認められず、拙巧の差はあれ、いずれも難度の高い技法である野面積みの技法が受け継がれています。細川築城期の完成された石積みとして知られた小倉城石垣は小笠原氏の手によっても守られ、永きにわたって受け継がれてきたものです。

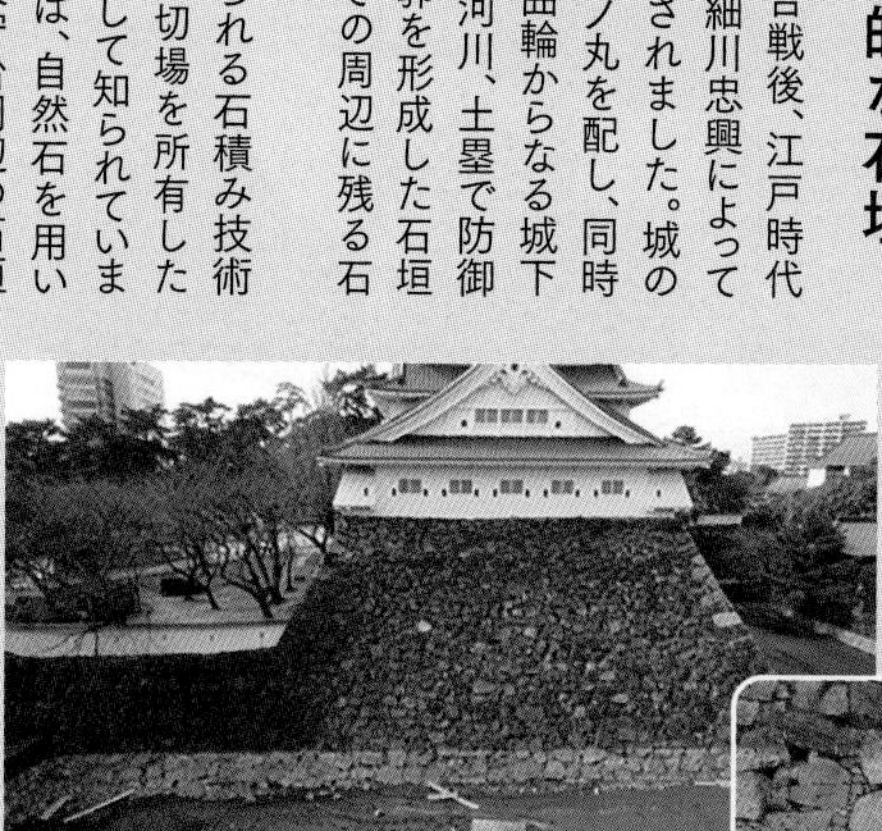

上①小倉城天守台発掘箇所
下②小倉城天守台跡石垣最下部の構造状況

小倉城下町と長崎街道

小倉城の築城は、慶長7年（１６０２）、細川忠興によって始められました。同時に忠興は、城下町の建設にも着手し、城の周囲に武家屋敷を、その外側に町屋敷、寺院などを配置するほか、城下町の外周には堀を巡らし、その内側に土塁や石垣を築きました。こうして築かれた小倉城は東西２㎞、南北1.3㎞、周囲８㎞にも及ぶ日本有数の大きさを誇る城の一つです。

城下には48の門が設けられ、一層堅固に城を守っていました。その中の一つ「大門」は城下北端に築かれた門で、長崎街道をまたぎ、いよいよ小倉の町に入るという場所に建てられた、重要な門でした。

城下町を通る長崎街道は、江戸時代に日本で唯一外国との貿易を許された長崎と江戸を結ぶ重要な街道の一つです。城下には参勤交代のための九州各藩の定宿があり、街道を行きかう人で賑わっていました。

担当者から
豆知識

小倉城天守台跡の石垣

平成30年に実施した小倉城天守台石垣の発掘調査では、堀の水を抜いて石垣の構造調査が行われました。石垣の最下段は岩盤を掘りくぼめて根切りを行い、直接根石を積み上げた工法で築かれていたことが分かりました。
石垣に用いられた石は2mを超える巨大な自然石を組合せ、間詰石とよばれる小さな石を隙間に入れ補強していました。江戸時代初期の石垣築造技術の高さが伝わります。

小倉城天守台跡の石垣

〔施設完成時期／慶長7年（1602）〕

093-582-2391

問 市民文化スポーツ局文化企画課

HP https://www.kokura-castle.jp/

所 小倉北区城内2

見 可　P 無　時 随時　休 無　¥ 無

YAHATAHIGASHIKU
Gyokeibashi
MINAMIKAWACHIBASHI

南河内橋
〔施設完成時期：大正15年11月〕
093-582-2274 問 建設局道路部道路維持課
所 八幡東区河内三丁目ほか P 無

南《みなみ》河《かわ》内《ち》橋

平成18年
国指定
重要文化財

径間（スパン）66ｍのレンティキュラー・トラスという珍しい形式の橋です。赤く塗られた独特の形をしており、通称「魚形橋」と呼ばれ、池に美観をそえて河内の名物になっています。橋脚と橋台は切石積コンクリート造です。南河内橋はこれまで、平成12年に「土木学会推奨土木遺産」に認定、平成18年には国の「重要文化財」に指定されました。

技術が描いた
曲線美！

春吉の眼鏡橋

小倉南区春吉の紫川上流に大正8年に架けられた石造二連アーチ橋があります。左右対称の典型的な美しい眼鏡橋の姿を損なうことなく、今日に至っています。石材にはひん岩、輝緑凝灰岩などの紫川の川石が使われています。

この橋ができるまでは、岩の上に板切れを渡しただけの簡単な板橋を渡っていました。大正6年に子守りの女の子が誤って転落水死したため、近郊の道原の石工・中山熊次郎と佐島栄治が、春吉の人々の拠金によって本橋を架けたのです。

眼鏡橋は平成4年に市の文化財（史跡）に指定されました。

平成4年
市指定
文化財
（史跡）

石造二連アーチ橋
（史跡）

春吉の眼鏡橋〔施設完成時期：大正8年〕
093-582-2274 問 建設局道路部道路維持課 所 小倉南区大字春吉 ¥ 無料

堀川

福岡藩における大規模な土木工事

堀川は、八幡西区楠橋の寿命の唐戸から水を引き、中間市、水巻町、八幡西区折尾を経て洞海湾に至る全長12㎞の運河です。

江戸時代のはじめ、遠賀川下流の村々は洪水に悩まされました。また、ひでりが続くと川が浅くなり、水が引けないことがありました。初代福岡藩主黒田長政は、元和7年(1621)、新田開発、物資の輸送などのため、家老の栗山大膳に命じ遠賀川から洞海湾に分かれる堀川運河の掘削をはじめましたが、3年後に長政が亡くなり、工事は中止されました。その後、何度か工事再開が試みられ、完成したのは141年後の宝暦12年(1762)、第6代福岡藩主黒田継高のときでした。

堀川関連施設

〔施設完成時期／堀川：宝暦12年(1762)、寿命の唐戸：文化元年(1804)〕

℡ 093-582-2391 問 市民文化スポーツ局文化部文化企画課 時 随時

HP https://www.pref.fukuoka.lg.jp/contents/kitakyu-pw-horikawaninteikanban.html

所 八幡西区大膳ほか(寿命の唐戸：八幡西区楠橋西3－12番内)

休 無 P 無 ¥ 無料 見 可

寿命《じめ》の唐戸《からと》

北九州市指定有形文化財

堀川は、遠賀川取水口として利用され、明和3年(1766)、中間市に水門の役割を持つ中間唐戸が建設されました。

その後、遠賀川上流の村々で田畑の湿地化が起こったため分岐点を上流の楠橋村寿命に変更する工事が計画され、文化元年(1804)新たな水門が建設されました。これが寿命の唐戸です。川の両岸に石の樋をたて、天井石と呼ばれる石をわたし、その上に上家をもうけ、堰の板戸を石の樋にはめて、巻き上げ機を上下させる設備です。川の水位、水量を調節する役割を果していました。市内に残された唯一の江戸時代の治水施設です。

吉田の車返し切り《き》貫《ぬ》き

堀川の最大の難所は、吉田車返から折尾大膳に至る岩山です。この部分は全体が一枚岩の岩盤からなり、掘削にはノミや金槌が用いられました。

岩をくり抜くこと150m、川幅は6.8m、深さは峠の部分では20mにもおよびます。延べ10万人以上の労力と9年の歳月をかけて切り開かれました。現在でも岩肌に刻まれたノミ跡を見ることができます。

岩肌に刻まれたノミ跡

川ひらた

福岡県指定有形民俗文化財

折尾高校に、『川ひらた』が展示されています。「ひらた船」とか「川ひらた」といわれる川船は、江戸時代は米や雑貨の輸送に用いられていました。明治時代に、日本の近代化が進む中、筑豊での石炭の採掘が盛んになるにつれて、産炭地から積出港の若松港までの石炭輸送の主役として活躍しました。

船の構造は、浅い川での運送に便利なように、船べりを広く取って作られており、特に堀川などの浅瀬を通過する際には、船体がしなるように設計されています。遠賀川を通過する際などには、帆を張ることがありますが、堀川のように川幅の狭いところでは、棹や櫂などであやつり、陸上から綱で引くこともありました。

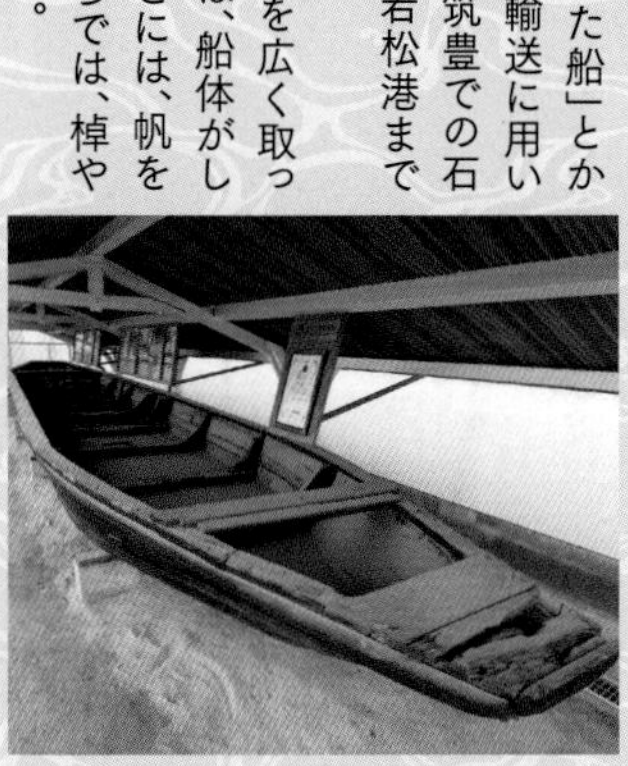

歴史を感じる

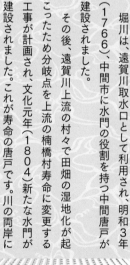

施設Data
全長／21.5m
高さ／4.8m
幅／4.5m

市内最古

明治24年開通の鉄道橋梁

九州鉄道茶《ちゃ》屋《や》町《まち》橋梁

南側

北側

板櫃川の支流である槻田川に架かる煉瓦造りのアーチ橋は、九州鉄道大蔵線の橋梁として造られました。

九州鉄道は門司を起点として、小倉、清水(小倉北区)、茶屋町を通り、黒崎に至る単線の路線で、大蔵線と呼ばれ、明治24年に開通しました。

明治35年には現在の鹿児島本線となる戸畑線が開通し、明治40年に九州鉄道が国有化され、戸畑線が本線となると、明治44年には大蔵線は複線化されないまま廃線となりました。

イギリス積みという独特な工法

構造の特徴

橋梁の壁は、煉瓦の細長い面ばかりを見えるように積んだ段と、小さな面ばかりを見えるように積んだ段を交互に積み上げていく「イギリス積み」といわれる工法です。アーチの部分は煉瓦の小さな面が見えるように5段積んであります。アーチの足下は川の流れに耐えうるように、花崗岩の石で造られています。

橋梁の南側の壁は平らですが、北側の側壁は煉瓦を6～7㎝出して、凹凸模様を浮かびあがらせています。これは、将来、輸送量が増加し、橋梁を北側に増築した場合、煉瓦のかみ合いを良くして、新旧の煉瓦を一体化するためにつけられたものと思われます。

九州鉄道　茶屋町橋梁

〔施設完成時期／明治24年〕

093-582-2391 問 市民文化スポーツ局文化部文化企画課

HP https://www.city.kitakyushu.lg.jp/shimin/02100258.html

所 八幡東区茶屋町4 見 可 P 無 時 随時 休 無 ¥ 無料

交 西鉄バス「上到津」から徒歩5分

平成8年 市指定文化財（史跡）

日本初の大規模銑鋼一貫製鉄所 東田第一高炉

明治政府の「富国強兵」のスローガンのもと、鉄の国産化が急務の課題となり、日清戦争を機に、国会で官営製鐵所の設置が決まりました。全国で激しい誘致活動が繰り広げられ、石炭や鉄鉱石の供給や輸送、国防上の理由から、遠賀郡八幡村が候補地となりました。

明治34年、日本で最初の銑鋼一貫の近代製鉄が八幡で始まり、「富国強兵」「殖産興業」のもと、産業発展の基礎として、鉄生産の確立を目指したのです。

当時の日本には高炉を用いて鉄を作る技術はなく、ドイツから技術を導入して高炉や工場などが建設され、明治34年2月5日に溶鉱炉に火が入りました。同年11月18日に、国内外の要人を招いて開所式が行われました。

鉄の生産が開始されたものの失敗の連続でしたが、高炉やコークスの改良などを行い、生産を拡大し日本の産業発展を支えました。東田第一高炉は10度にわたる改修が行われ、現在の高炉は昭和37年に日本最初の超高圧高炉として建設されたもので、昭和47年まで操業しました。老朽化による解体の動きもありましたが、市民の保存運動などにより保存されることになりました。平成8年に北九州市の文化財(史跡)に指定され、鉄作りの様子や高炉の中を見学することができます。

展示施設

高さ70.5mの高炉のほか、高炉に送る空気を1200度まで高める熱風炉、高炉から出た銑鉄を転炉に運ぶトーピードカー(貨車)、高炉から運ばれた銑鉄に石灰と酸素を入れて良質の鋼鉄を作る転炉などが展示されています。また、官営八幡製鐵所の歴史や地域の出来事などを紹介した写真パネルなども見ることができます。鉄作りの様子や高炉の中を見学することができます。

東田第一高炉

〔施設完成時期／明治34年〕

☎ 093-582-2391

問 市民文化スポーツ局文化部文化企画課

HP https://www.city.kitakyushu.lg.jp/shimin/26501454.html

所 八幡東区東田二丁目3-12

見 可(※HPを要確認) P 無 時 9:00～17:00 休 年末年始 ¥ 無料

交 JRスペースワールド駅から徒歩約3分

担当者から豆知識

製鐵所誘致

高炉台公園内に、八幡村長・芳賀種義の記念碑があります。芳賀は、製鐵所の誘致にあたり、製鉄事業の重要性について、元照寺にたてこもった住民などに体を張って粘り強く説得し、製鐵所誘致に結びつきました。

土木遺産〈若松港築港関連施設群〉

明治20年代以降約60年かけて近代的な港づくり

明治・大正・昭和3つの時代にわたっての近代的な港づくり。水深及び航路幅を増やすとともに、積出岸壁や貯炭場、工場用地が整備されました。現在は水深8.5～10m、幅100～1,400mまで拡張され、湾の奥まで続いています。

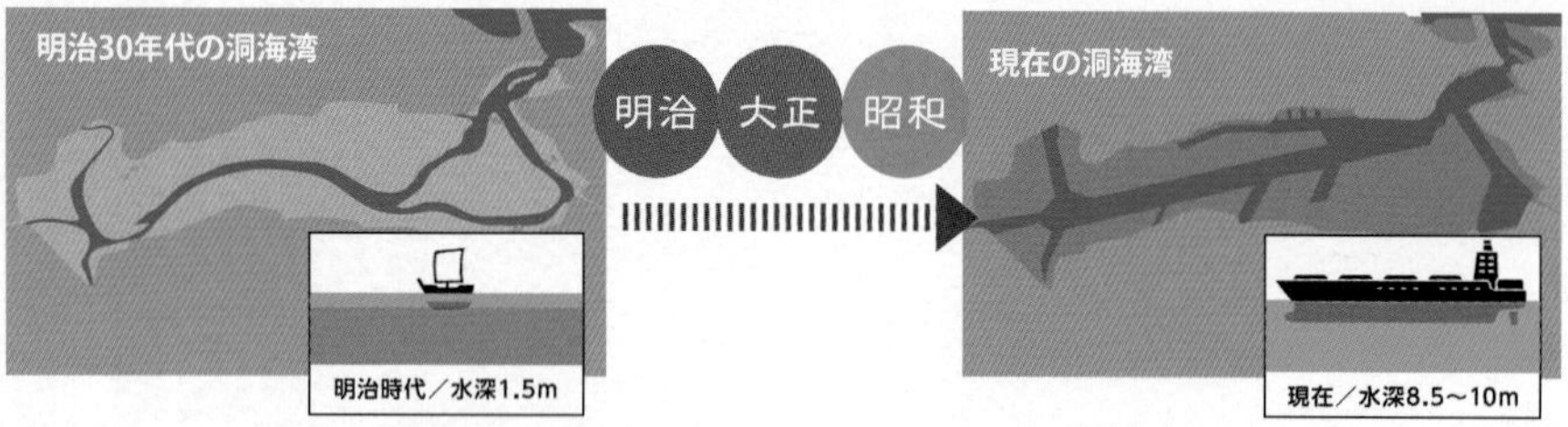

若松港築港関連施設群〔施設完成時期／明治中期～昭和初期〕

☎（計画課）093-321-5967、（クルーズ交流課）093-321-5939
問 港湾空港局港湾整備部計画課、総務部クルーズ交流課
HP https://www.kitaqport.or.jp/jap/topics/20191105_nintei.html
所 若松区浜町一丁目4-7他
見 可　P 無　時 24h　休 無　¥ 無

築港の歴史を今に伝える選奨土木遺産

若松港は、旧藩時代より石炭などを積み出す重要な港でした。当時の洞海湾は遠浅の内海であったため、石炭の輸送は底の浅い和船で行われていました。明治時代に入ると、工場の近代化が進み石炭需要が増えるとともに、背後にある筑豊炭田の生産能力が向上し鉄道輸送も始まりました。

当時の若松港では、石炭の海上輸送能力の強化が求められ、大型の船舶に対応する港の構築が急務となり、明治23年より若松港築港事業が始まりました。この事業では、洞海湾の重要な航路・泊地の水深を約1.5mから約6mまで増深し、浚渫の延べ面積は250万㎡に達しました。これにより筑豊炭田からの出炭量は、明治23年の約80万tから大正期には1,000万tを超えるまでに増大し、国内シェアの約50％を占めるようになりました。

浚渫により発生した土砂は、洞海湾内の埋立てに使用されており、埋立地には官営八幡製鉄所をはじめ多くの重化学工場が立地し、北九州市の工業都市としての礎となりました。

選奨土木遺産とは

「選奨土木遺産」とは、土木学会によって全国に多数ある近代土木遺産の中から選出された貴重な先人たちの遺産であり、今後とも良好な保存状態を維持すれば年を重ねる度にその価値を増し、将来は国の重要文化財として指定される可能性のあるかけがえのない国家的財産です。若松港築港関連施設群は、大正期に日本最大の石炭積出港として繁栄し、日本の近代化に大きく貢献したことが評価されて認定を受けました。

❶ 測量基準点

明治中期に各種測量の基準点として、位置や海面からの高さを正確に測定するために使用されました。海側に数箇所設置されたものの中で、唯一現存する測量基準点です。施設に刻印されている「9・11」は9尺1寸1分の略で、海面から約3ｍを意味しています。

❷ 東海岸通護岸

明治25年から同34年にかけて、かつて洞海湾の入口であった場所に埋立護岸として建設された石積護岸です。若松港築港のため立ち上げられた若松築港会社（現在の若築建設（株））は、当時からこの背後地に社屋を構え、港の運営や拡張工事にあたりました。現在は、築港事業を中心とした若松の歴史を学べる「わかちく資料館」が併設されています。

❸ 東海岸係船護岸

東海岸通護岸と同時期に、当初は防波堤として建設された石垣で、約850ｍが護岸として現存しています。石材は洞海湾各所の岩石を使用して、費用低減を図りました。中心には木杭が等間隔で固定され、それらを横木で連結して石垣の移動や崩れを防いでおり、当時としては珍しい構造でした。

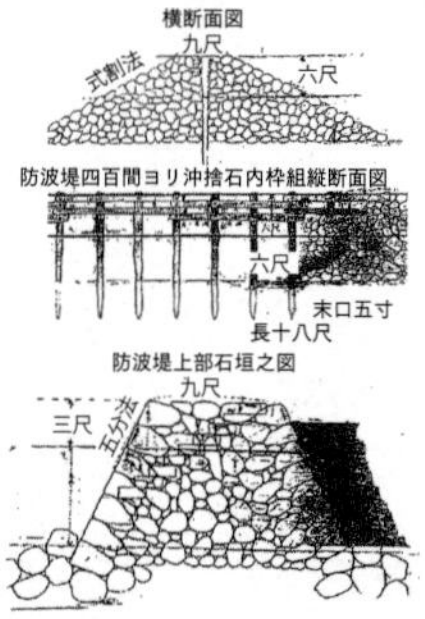

❹ 若松南海岸物揚場

昭和初期に作られた物揚場で、背後には大小の石炭関係会社の事務所や商店が立ち並んでいました。若松が生んだ芥川賞作家・火野葦平の父・玉井金五郎が明治39年に設立した石炭荷役請負業「玉井組」の事務所もこの背後にありました。

❺ 弁財天上陸場

大正6年頃、若松市によって建設され、沖仲仕をはじめ洞海湾で活躍した人々の乗降や荷役の場でした。背後の「厳島神社」の祭神である市杵島姫命（イチキシマヒメノミコト）は七福神のなかの弁財天にあてられ、水の守り神として信仰されています。若松が港湾都市として栄えていた頃は、多くの海運関係者の信仰を集めていました。

❻ 出入船舶見張り所跡

若松築港会社は、埋立工事や港の管理維持費用を賄うため、洞海湾に出入りする船舶から港銭（船舶の入港料）を徴収していました。現存する出入船舶見張り所は、昭和6年に設置され、昭和13年に港の運営が福岡県に移管されるまで、不正入港を監視するため使用されていました。

❼ 最盛期の若松港で活躍した沖仲仕

沖の本船で石炭荷役をする沖仲仕（通称：ごんぞう）の詰め所を模して「旧ごんぞう小屋」が休憩所として復元されています。室内の写真やパネル展示により当時の様子を知ることができます。

❽ 選奨土木遺産と一緒に巡りたい周辺施設

大正期の建物群を中心としたノスタルジックな雰囲気のエリア「若松南海岸通り」。石炭積出港としての若松の歴史を伝える建造物や史料館など、土木遺産とともに楽しめる景観が広がっています。

道原《どうばる》貯水池

小笠原藩の城下町として栄えた旧小倉市は、明治7年、歩兵第14連隊が配備され、同24年には九州鉄道小倉駅の開設、同31年には旧陸軍第12師団司令部が設置されるなどして、商都、軍都として発展していき、にわかに活気を帯びるようになりました。その後、明治33年に市制を施行し、人口も増えていきましたが、良水に恵まれなかったため、市民の間に上水道布設の要望が高まりました。そこで、明治40年に佐世保鎮守府の吉村長策建築科長により、道原貯水池築造のための調査設計が開始されました。

貯水池は、吉村科長が市周辺を実地調査した結果、水源を企救郡中谷村大字道原の紫川上流、清滝川と畑川の合流点に定め、明治42年に認可を受けて、明治43年9月に起工し、明治45年5月に土堰堤で406,000㎥の貯水量を有する道原貯水池として竣工しました。これと併せて、大正2年5月に緩速ろ過池4池を有する道原浄水場が築造され、蒲生分水池、古清水配水池から自然流下により給水が開始されました。当時の給水人口は60,000人、一日最大給水量は7,600㎥でした。なお、当時約7,000人の兵が駐屯していたため、蒲生分水池は、9,000㎥で、兵10,000人に夏期最大12時間給水できるように設計され、大正2年5月から通水が開始されたものです。現在も、小倉南区の一部地域に給水を行っています。

近代化
産業遺産
認定
経済産業省

道原貯水池

〔施設完成時期／明治45年〕

☎ 093-451-0262

問 井手浦浄水場

HP https://www.city.kitakyushu.lg.jp/suidou/s00900013.html

所 小倉南区大字道原

見 堰堤は遊歩道として開放しています。

「近代化産業遺産」とは、平成19年度に経済産業省が創設した産業遺産の認定制度です。国内各地に所在する主要な産業遺産について、日本の近代化にまつわる技術史、産業史的な視点を含めて評価を行い、認定を行うことにより、産業遺産を活用した地域活性化の普及・促進を図るものです。

菖蒲谷《しょうぶだに》貯水池

若松は、明治22年、人口わずか2,900人の村でしたが、同年鉄道が布設され、港が整備されるにしたがって、石炭積出しの中心地となりました。しかし、半島的地形と用水の不足からそれ以上の発展は望めず、また伝染病や火災による被害もあり、対岸の戸畑牧山付近の井戸水に頼っていました。その後、町の発展につれ、用水不足が深刻となり、明治39年に上水道布設の調査をはじめました。町周辺には水源がなく、遠く遠賀川の川水を利用するほかありませんでした。

当時、八幡製鉄所では遠賀川を水源とする水道布設の計画があったので、それに伴い交渉をした結果、水源から製鉄所貯水池までの水道布設に要する鉄管の提供と、送水に要する経常費を分担する契約で1日8,400㎥の分水を受けることになりました。

工事は、対岸の戸畑町牧山に計画給水人口50,000人、ろ過能力は9,000㎥の浄水場をつくり、洞海湾を横断する海底送水管を布設して、明治45年に給水が開始されました。しかし、需要が予想以上に多くなり、大正3年に牧山浄水場の隣に予備貯水池を造りましたが、翌年決壊し使用不能となったため、さらに同14年、菖蒲谷に210,000㎥の貯水池を新設するとともに、畑谷に浄水場を造り、1日1,400㎥を給水することができるようになりました。昭和42年浄水場の統合により畑谷浄水場は廃止されましたが、現在は緊急水源として存続しています。

近代化
産業遺産
認定
経済産業省

菖蒲谷貯水池

〔施設完成時期／大正14年〕

☎ 093-693-1385

問 本城浄水場

HP https://www.city.kitakyushu.lg.jp/suidou/s00900013.html

所 若松区大字小石

見 堰堤は遊歩道として開放しています。

菖蒲谷貯水池は、道原貯水池と同様に、近代化産業遺産に認定されています。

北九州水道発祥の地 小森江浄水場

北九州の水道は旧門司市小森江浄水場で初めて給水を開始し、百年を超える歴史を持ちます。

旧門司市小森江浄水場で初めて給水を開始した北九州の水道は、平成23年大きな節目となる百周年を迎えました。

旧門司市は、明治22年に特別開港場に指定され早くも国際港都として繁栄し、明治32年には旧五市の中で最初に市制が施行されました。しかし、地勢上、用水に乏しく毎年のようにコレラなどの伝染病が流行したため、上水道の布設の必要に迫られ、明治42年に築造された福智貯水池(小倉南区)を始めとして、導水、浄水、配水施設等の水道施設の建設に着手しました。これは、福智貯水池から小森江浄水場までの約22㎞を直径400㎜の鋳鉄管で送水し、3基の緩速ろ過池でろ過したあと配水するという当時としては最先端の設備でした。

そして、明治天皇が陸軍特別大演習のため門司に立ち寄った明治44年11月4日に、翌年の予定を早め、この小森江浄水場から上水道の一部給水が開始されました。これが北九州市の水道の始まりであり、九州では、長崎、佐世保についで3番目、わが国では22番目になります。この近代水道創設によりコレラ禍は自然解消され市民に感動を与えました。

現在、小森江浄水場は廃止されていますが、浄水場や近接する旧小森江貯水池(現在「小森江子供のもり公園」)には、煉瓦造りの施設等が建設当時のまま残されています。

小森江貯水池(現：小森江子供のもり公園)

小森江浄水場(現在)

祝
100
周年

小森江浄水場

☎ 093-582-3066

問 上下水道局水道部配水管理課

所 門司区羽山二丁目

見 不可　P 無

大正期門司の水は船員に好評だった!

旧門司市で給水開始後、大正期になると「門司の水はうまい」「赤道を越えても腐らない」と船舶関係者の間で好評を博し、外航船は門司で最後の給水をして出航していくのが決まりになったそうです。また、大正5年には外国貿易の出入港船が五千隻にもなり、全国の貿易港のトップになったこともあり、それほど多数の船舶が門司で給水したのは水質のよさもあったと言われています。

明治後期の門司港

HESAKI LIGHTHOUSE

日本近代化の道筋を照らした国内最古級の西洋式灯台

部《へ》埼《さき》灯《とう》台《だい》

令和2年
国指定
重要文化財

担当者から豆知識

100年以上前のフランス製「フレネルレンズ」が現役で使用中

進んだ欧米の技術や装置を積極的に導入することで、明治政府は国際基準の灯台を建設することができました。以来、部埼灯台は150年以上にわたり、関門海峡の安全航海を見守り続けています。

部埼灯台

☎ 093-321-2931
問 第七管区海上保安本部交通部企画課
所 門司区白野江
見 外観のみ可
P 有り(約20台)
時 常時　休 無　¥ 無

部埼灯台は関門海峡の東口、瀬戸内海に九州側から突き出した岬(部埼)の尾根上に所在する西洋式の灯台です。関門海峡の西口、六連島(山口県下関市)に建つ六連島灯台とほぼ同時期の建設で、イギリス人技師R.H.ブラントンの建築指導により、明治5年(1872)に初点灯しました。高さ約10メートルの石造灯台で、わが国の近代史・海上交通史的価値が高いとして令和2(2020)年12月に国の重要文化財(建造物)に指定されました。敷地内には同時期に建設された旧官舎、旧昼間潮流信号機も残され、関門海峡を見晴らせる絶好のロケーションの中、灯台をはじめとする航路標識の歴史を学ぶことができます。

旧官舎(現潮流信号所)

部埼灯台の建つ敷地内には、灯台の管理・運営を担った灯台守とその家族が生活するために建てられた旧官舎が残されています。昭和54年(1979)に改修工事が施され、屋根上に潮流方向等を知らせる電光表示板が設置されましたが、外壁や内装の一部は残され、明治期の雰囲気を現代に伝えています。

竣工時の古写真

当時、灯台建設を挙げての一大プロジェクトであり、一般には解放されていなかった様子が見て取れます。

担当者から豆知識

旧昼間潮流信号機

旧昼間潮流信号機は、昭和54年(1979)の機能停止、旧官舎へ潮流信号機能が移る以前まで、関門海峡を航行する船に潮流の方向と強さを知らせる役割をになっていた腕木式の信号装置です。機能停止後は現地で保管されていましたが、平成6年(1994)より、北九州市が一般公開しています。

僧清虚の像と火焚き場跡

部埼灯台が建つ岬の先端には、僧「清虚」の像が海に向かって立っています。清虚は江戸時代末期の豊後国出身の僧でしたが、海難事故が頻発していたこの地で火焚きを行うことを決意し、74歳で亡くなるまでの13年間毎日、読経とともに火を焚き続けました。この偉業はその後、近隣住民に引き継がれ、明治に入ると灯台へとその役割が引き継がれることになりました。

白《しら》洲《す》灯《とう》台《だい》

SHIRASU LIGHTHOUSE

郷土の偉人「岩松助左衛門」悲願の灯台

白洲灯台〔施設完成時期／明治6年9月〕
- 093-751-8059
- 問 海上保安庁若松海上保安部交通課
- 所 小倉北区藍島白洲
- 見 不可（所在地は響灘上の砂洲にあるため見学不可。若松北海岸等から遠景での視認は可能）
- P 無

白洲灯台は、関門海峡の西側の響灘海域の要衝、藍島南端の西方約2.7㎞に建つ現役の灯台です。初代の白洲灯台は明治政府が英国から雇い入れた技師R.H.ブラントンの指導により建設され、明治6年（1873）9月1日に初点灯されました。現在の白洲灯台は明治33年（1900）に石造の灯塔に鉄造の灯籠が載る構造に改築された2代目で、白と黒の縞模様で塗装されたその姿は海上で一際目立ち、若松北海岸からも眺めることができます。

国定教科書の教材にもなった岩松助左衛門と「白洲の灯台」

白洲灯台の建設が明治政府によって着手されることになった背景には、幕末から明治時代にかけて企救郡長浜浦（現在の小倉北区長浜町）の庄屋を務めた岩松助左衛門の功績があります。職務上、数々の当海域での海難事故を目の当たりにしていた助左衛門は、小倉藩や明治新政府に繰り返し灯台建設の必要性を説き、私財を投げうって灯台の建設に着手しました。幕末の動乱を経て、灯台建設は明治政府による事業となりましたが、助左衛門は完成を見ることなく、病によりその生涯を終えました。しかし、生涯をかけて自身の志を貫いた功績は、昭和6年（1931）発行の国定教科書に「白洲の燈臺」という表題で紹介され、その偉業は日本中の子供たちに広がりました。

担当者から豆知識

尋常小学読本〔北九州市複製本〕

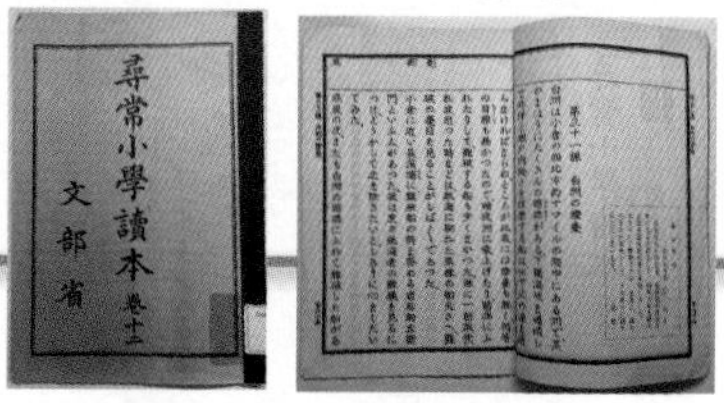

表紙（左）と「白洲の燈臺」の頁（右）

初代の白洲灯台

明治33年4月に現在の白洲灯台が点灯する前、白洲には木造の灯台が建っていました。灯台の建築を指導したのは、「日本の灯台の父」とも言われる外国人技士のR.H.ブラントンです。ブラントンは明治元年から同9年までの日本滞在中、30基の洋式灯台を建設しましたが、そのうち11（うち2つは灯船）が木造の灯台でした。そのうちの1基である白洲灯台は、欅、栂の堅木を骨組みとし、良質の桧、杉で構築し、灯器は石油単芯灯で、輸入品の第五等レンズを用いた洋式灯台でした。

R.H.ブランドン（E.M.ウォーホップ氏所蔵、横浜開港資料館保管「ブランドン旧蔵資料」より）

小倉城松ノ丸に建つ岩松翁記念塔

城下町小倉のシンボルである小倉城本丸から南に延びる高台（松ノ丸）には、「白洲灯台岩松翁記念塔」が響灘のある北に向かって建っています。この「記念塔」は昭和38年、5市合併による北九州市誕生に合わせ、岩松助左衛門自身が設計した「燈明台」を模して建てられました。私財と生涯を投げうって白洲灯台の建設工事着工に漕ぎつけた助左衛門の功績は、現在も小倉城内で顕彰され続けています。

担当者から豆知識

岩松助左衛門作製の白洲灯台設計図（北九州市立自然史・歴史博物館蔵）

小倉城松ノ丸に建つ岩松翁記念塔

北九州おもてなしの"ゆっくりかいどう"案内サイン

KITAKYUSHU OMOTENASHI YUKKURI KAIDO

小倉北区室町(常盤橋西側)

北九州おもてなしの"ゆっくりかいどう"の対象ルートは、江戸時代の街道の面影が残る木屋瀬・黒崎・小倉を通る長崎街道や参勤交代にも使われた門司往還、大正ロマン漂う門司港レトロを中心にした延長約40kmの風景街道です。

この北九州おもてなしの"ゆっくりかいどう"を分かりやすく案内するとともに、風景街道を広くPRするために、歩行者案内サインの設置をしております。

北九州おもてなしの"ゆっくりかいどう"案内サイン

☎ 093-582-3888
問 建設局道路部道路計画課
HP https://www.city.kitakyushu.lg.jp/kensetu/05600028.html
所 北九州風景街道沿線
見 可

北九州風景街道(長崎街道)推進協議会

北九州風景街道の取り組みを推進するため、平成19年11月に北九州風景街道(長崎街道)推進協議会を設立し、現在(令和5年3月)は39の団体・機関で構成され、官民協働でルートの魅力PR等の活動を行っています。

北九州風景街道「ゆっくり歩き帖」

北九州風景街道ルートの魅力を紹介する「ゆっくり歩き帖」。

ルート沿線で活動する団体の皆さんがおすすめするスポットが満載です。

「ゆっくり歩き帖」を片手に"ゆっくり楽しみながら"歩いてみてはいかがでしょうか。

詳しくは北九州風景街道のHPをご覧ください。

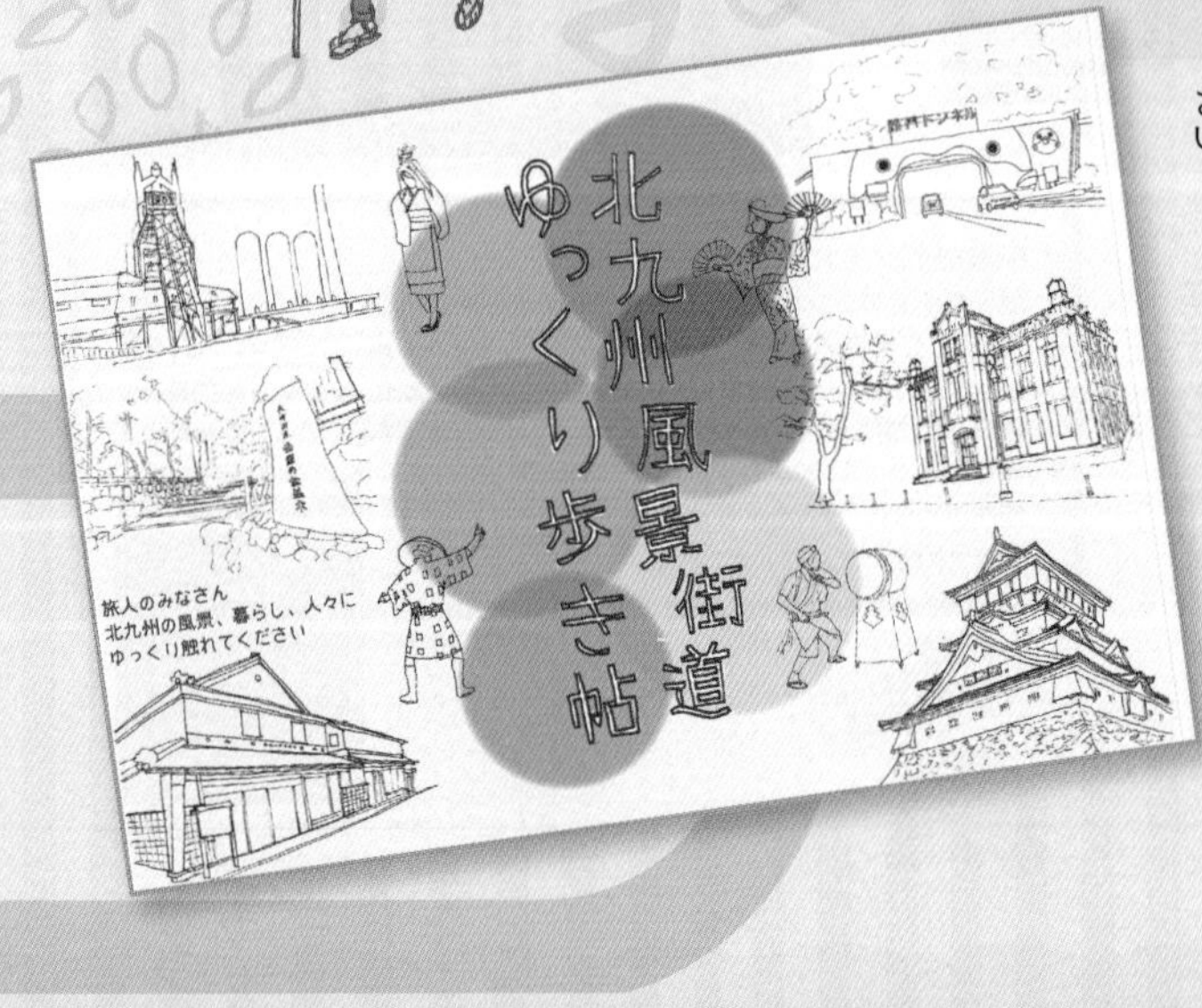
北九州風景街道
ゆっくり歩き帖
旅人のみなさん
北九州の風景、暮らし、人々に
ゆっくり触れてください

まちづくりを再発見できる

DOBOKU

施設を観よう

現代的な都市空間や施設を通じて
未来の暮らしを輝かせる都市計画が
進行しています。

Let's see the facilities

KITAKYUSHU

非日常を味わう

北九州市の工場夜景

北九州市は、古くから日本の近代化をリードしてきた〝ものづくりの街〟。

多様で個性的な工場夜景が楽しめます。

黄色やオレンジ…さまざまな光に映し出される大規模な工場群が、深い闇の中で、美しく重厚な景観をつくり出します。それはまるで近未来都市や巨大な要塞を思わせます。

闇夜に浮かぶ建物の輪郭や不規則に並ぶ設備が、観る人を夢幻の世界へと誘ってくれるでしょう。

✦ 北九州夜景観賞定期クルーズ

今まで見たことのない北九州の夜が体験できる「夜景観賞定期クルーズ」。北九州市が誇る海岸沿いの「工場夜景」や「関門海峡の夜景」「市街地の灯り」を船上から観賞できます。夜景ナビゲーターの案内を聞きながら、魅力いっぱいの景観をご満喫ください。

小倉港発（所用時間：110分）
第1/2/3/5土・日曜日：工場夜景観賞コース（定員70名）
小倉港⇒小倉の工場夜景⇒若戸大橋⇒洞海湾⇒渡船乗場

門司港発（所用時間：70分）
第4土・日曜日：関門夜景＋工場夜景コース（定員70名）
門司港⇒関門橋⇒関門海峡⇒小倉の工場夜景⇒連絡船乗場

問 関門汽船093-331-0222
HP https://sangyokanko.com/kojyouyakei/

日鉄ケミカル＆マテリアル㈱ 九州製造所

FACTORY VIEW

担当者から豆知識

令和4年3月、北九州市は「日本新三大夜景都市」に全国1位で認定されました。工場夜景のほかに、皿倉山の大パノラマ夜景やダイナミックな関門海峡の夜景、市民力で創り上げる小倉城竹あかりなど、本市の夜景はバラエティに富んでいます。

【問い合わせ】産業経済局観光部観光課 093-551-8150

工場夜景スポット

北九州市は、１９０１年（明治34年）の官営八幡製鐵所操業以来、工業の街として発展してきました。関門海峡から洞海湾に続く東西約20㎞の海岸線には、製鉄所をはじめ、化学工場、エネルギー基地が立ち並び、夕暮れとともに美しい灯りを放ちます。

Photos Spot !

ひびきエル・エヌ・ジー㈱

三菱ケミカル㈱ 福岡事業所

ＵＢＥ三菱セメント㈱九州工場

東海カーボン㈱九州若松工場

日本製鉄㈱九州製鉄所八幡地区（戸畑・八幡）

日本製鉄㈱九州製鉄所八幡地区（小倉）

旧安川邸

Former Residence of Yasukawa

大座敷では、第36期竜王戦の対局が行われました(令和5年10月)

旧安川邸

北九州市指定
有形文化財
平成30年8月

緑に囲まれた北九州市の有形指定文化財。

旧安川邸は、北九州市の基礎を築いた安川敬一郎氏により建設され、以後三代に亘り安川家当主が居住した住宅です。現在は、大座敷棟1棟のほか、蔵、洋風本館棟などが残されています。

和洋の異なる建築様式を1つの敷地内に備える歴史的に重要な住宅建築で、平成30年8月1日、北九州市指定有形文化財に指定されました。

月に一度の生演奏

邸内での演奏会や、季節の行事にちなんだ催しがあります。

担当者から 豆知識

旧安川邸

〔施設完成時期／平成30年8月市指定有形文化財指定 令和4年4月一般公開開始〕

電 093-482-6033
問 旧安川邸
HP https://www.yaskawatei.org/
所 戸畑区一枝一丁目4-23
見 可
P 有
時 9:00〜17:00
休 火曜日
¥ 一般260円　小中学生130円

Former Residence of Yasukawa

本格的なお茶をどうぞ

お茶にまつわる意匠が建築当時そのままに残る極上の空間で、本格的な煎茶や抹茶をお楽しみいただけます。

庭園を眺めながらランチを！

庭園を眺めながらランチができる「邸宅ランチの日」開催中。（要予約）

駅を彩る

小倉駅北口ペデストリアンデッキ

小倉駅周辺の夜間景観や明るさの向上を目的に、小倉駅新幹線口では「動く歩道」に「列車の車窓」をイメージしたライトアップやフットライトを灯したベンチの設置を行っています。

吹抜け部

動く歩道のガラス面（列車の車窓）

ガラス面にシートを貼ることで、光を映しだしています。

ライトアップ（レインボー）

季節やイベントに合わせ、赤色、青色、黄色、レインボーなど様々な色で演出しています

小倉駅北口ペデストリアンデッキ〔施設完成時期／平成13年6月〕

- 093-582-2274
- 問 建設局道路部道路維持課
- HP https://www.city.kitakyushu.lg.jp/kensetu/05500152.html
- 見 可　時 年中（日没後～当日24時まで）

ホームページで2か月毎のライトアップスケジュールをあげています。様々な色を楽しんでいただけたらと思います。

ペデストリアンデッキとは？

広場を設けたり、建物同士をつないだりする歩行者専用通路で、高架等の立体構造になっています。

太陽光発電 170kW

小倉駅北口ペデストリアンデッキ

小倉駅からあさの汐風公園へと続くペデストリアンデッキの屋根は太陽光発電付のガラスでできています。発電した170kWの電力は公園やデッキで使われています。

平和通り駅 モノレール ライトアップ

モノレール平和通駅の駅舎下は、周辺スポットへの誘導サインなどの設置や、夜間だけではなく昼間もライトアップされ、明るい空間となっています。

◀モノレールライトアップ
北九州モノレールの橋脚や桁のライトアップを行っています。

担当者から豆知識
モノレール平和通駅の駅舎下の誘導サインは小倉織をイメージしています

平和通り駅・モノレールライトアップ
〔施設完成時期／平成13年6月〕
☎ 093-582-2274
問 建設局道路部道路維持課
HP https://www.city.kitakyushu.lg.jp/kensetu/05500152.html
所 小倉駅～平和通り駅間
見 可　時 年中(日没後～当日24時まで)

小倉駅フォト&休憩スポット

JR小倉駅構内(新幹線の改札口近く)では、北九州市ゆかりの漫画家、松本零士さんの代表作「銀河鉄道999」に登場する「車掌さん」が敬礼のポーズでお出迎えをしてくれています。

車掌さんの両側には休憩できるイスがあり、漫画のワンシーンに入り込めるフォトスポットになっています。

また、2階新幹線口には「メーテルや鉄郎」、「宇宙海賊キャプテン・ハーロック」のオブジェも設置されており、様々なキャラクターと触れ合うことができます。

担当者から豆知識
友人や恋人との待ち合わせ場所のランドマークにもぴったりです!

小倉駅フォト&休憩スポット(銀河鉄道999)
〔施設完成時期／平成24年8月(銅像オブジェ)、平成29年4月(車掌)〕
☎ 093-582-3888　問 建設局道路計画課
所 小倉北区浅野一丁目1-1　見 可

小倉駅1階 東側公共 連絡通路

小倉駅連絡通路に漫画のアートスポットが誕生

漫画ミュージアムとのコラボ

JR小倉駅1階の東側公共連絡通路には、漫画ミュージアムとコラボした壁面があります。

漫画の中に入ったような撮影ができる「なりきり撮影スポット」や、令和元年(2019年)に開催された「アジアMANGAサミット北九州大会」を記念して作成された寄せ描き、銀河鉄道999がデザインされたマンホールの紹介などが装飾され、魅力たっぷりの場所となっています。

北条司氏の作品キャラクターと夜景がコラボ!

北九州市出身の漫画家である北条司氏の作品キャラクターと新日本三大夜景のひとつ・皿倉山から見た夜景や、ライトアップされた若戸大橋、ロマンチックにきらめく夜の門司港レトロ地区など、北九州市の〝推し夜景〟とのコラボが楽しめるスポットとなっています。

刈谷仁美氏デザインによる装飾移住促進PRポスター6作品と移住体験漫画

本市の移住促進PRポスターを手掛けているアニメーターの刈谷仁美さんの作品も装飾しています。刈谷さんがポスター制作時に北九州市に1週間滞在した体験を漫画に描いていただき、その一部が装飾されています。

担当者から豆知識
漫画をバックに写真を撮ることで、まるで漫画の世界に入りこんだような写真が撮れますよ!あなたのアイデアで、SNS映えする写真に挑戦してみてはいかがでしょうか?

小倉駅1階東側公共連絡通路
〔施設完成時期／平成29年3月～令和4年3月〕
☎ 093-582-3888　問 建設局道路計画課
所 小倉北区浅野一丁目1-1　見 可

施設を観よう

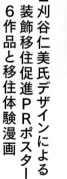

まち歩き

KANMON CINEMATIC CITY

関門シネマティックシティ

関門地域は、美しい自然と色濃い歴史を持ち、ダイナミックで変化に富んだ魅力的な景観を有しています。

そして、関門景観条例制定20周年を契機に、関門エリアをひとつの都市と捉え、映画のシーンを連想するまちなみや様々なストーリーをイメージした「関門シネマティックシティ」を創出し、関門エリアの魅力を発信しています。

まち歩きマップ

写真や動画、Vlogに最適な関門の視点場を詰め込んだリーフレットです。気になるスポットを見つけて関門エリアをめぐりませんか。

インスタグラムアカウント

@kanmon_cinematic_city

26箇所のシネマティックスポットをインスタグラムアカウントにて掲載中。

Vlog 動画

関門エリアには、映画のワンシーンを連想する街並みやストーリーがあります。関門景観を体感できる「視点場スポット」など、写真では紹介しきれなかった関門景観の魅力をたっぷりお届けしていますので、ぜひチェックしてみてください。

担当者から豆知識

関門景観

関門景観とは、関門海峡並びにそれに面した地域における山並み等の自然環境、歴史、文化が薫る街並み及び人々の活動により構成される景観の総称です。

関門シネマティックシティ

☎ 093-582-2595

問 関門景観協議会
（建築都市局総務部都市景観課・下関市都市整備部都市計画課）

HP https://www.kanmon-keikan.com/cinematic/

見 可

木屋瀬《こやのせ》地区（旧長崎街道）

北九州市内には、産業や港湾に関連する歴史的な建造物が点在しています。こうした建造物は景観に対する意識を育み、まちの風格を高めるために大きな役割を果たしています。

旧長崎街道の宿場町の面影を残すため、八幡西区木屋瀬地区の歴史的建造物等を将来にわたり適切に保存する取り組みを行っています。

木屋瀬地区の歴史的街並みの保全の詳細については、北九州市ホームページを参照ください。

木屋瀬地区（旧長崎街道）

問 施設管理者へ個別にお問い合わせください。

HP https://www.city.kitakyushu.lg.jp/ken-to/file_0450.html

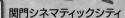

北九州市 都市景観賞

北九州市都市景観賞は、市民や事業者の皆様方に景観に対する意識を高めてもらい、美しいまちづくりを推進することを目的に、平成11年度に創設されました。概ね3年毎に、幅広く推薦をいただいた中から、北九州市の個性豊かで魅力ある都市景観の向上に寄与する建築物やまちなみ等を表彰、発信しています。ぜひご覧ください。なお、第1回～第9回の受賞作品は、北九州市ホームページにて紹介しております。

問 093-582-2595
問 建築都市局総務部都市景観課
見 施設管理者へ個別にお問い合わせください。
HP https://www.city.kitakyushu.lg.jp/ken-to/07900058.html

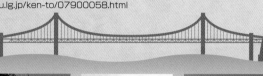

景観重要建造物・都市景観資源の指定

景観重要建造物は、景観法に基づき、良好な景観の形成に重要な建造物で、地域の自然、歴史、文化等からみて、その外観が景観上の特徴を有するものについて、北九州市長が当該建造物の所有者の意見を聴いて指定を行うものです。

都市景観資源は、北九州市都市景観条例に基づき、市民に親しまれ、かつ、良好な都市景観の形成上、価値を有すると認められる建造物、自然、まちなみ、眺望などについて、北九州市長が指定を行うものです。

本市における景観重要建造物・都市景観資源では、様々な市内のランドマークを今に至るまで8件の指定を行いました（景観重要建造物と都市景観資源は重複指定有）。

若戸大橋と洞海湾
（都市景観資源）
建設当初「東洋一の夢の吊橋」と言われた若戸大橋の赤と洞海湾の海の青さが合わさり、雄大な景色を作りあげている。

枦木ビル
（景観重要建造物・都市景観資源）
1920年当時の革新的技術であった鉄筋コンクリート造を採用した超モダン建築である。

八幡製鐵所旧本事務所・修繕工場・旧鍛冶工場
（景観重要建造物・都市景観資源）
100年以上前の官営八幡製鐵所創業時に建設された3施設。日本産業の近代化の歴史を伝える景観である。※製鐵所内にあるため非公開

門司港駅
（都市景観資源）
鉄道駅舎として日本初の国の重要文化財に指定された、ネオ・ルネッサンス様式の木造駅舎で、門司港レトロを代表する建築物である。

九州鉄道記念館
（都市景観資源）
特徴的な煉瓦の積み方に加え、強調された水平線、三角屋根との対比などにより高められた美観を持つ建築物である。

北九州銀行門司支店
（景観重要建造物・都市景観資源）
外観デザインは英国風古典主義のモチーフでまとめられ、当時の銀行建築の特徴を有している。

NTT西日本門司ビル
（景観重要建造物・都市景観資源）
門司における最初のモダンデザイン建築物で、特徴的な放物線アーチと垂直線を基調とする建築物である。

石炭会館
（景観重要建造物・都市景観資源）
石炭の積み出し港であった若松の歴史を象徴する木造建築物であり、石造風の外装が特徴的である。

景観冊子 アーキテクチャー オブキタキュウシュウ

本市の魅力的な建築物や景観等をより多くの方々に紹介するため、令和元年度に景観冊子『ARCHITECTURE OF KITAKYUSHU（アーキテクチャー オブ キタキュウシュウ）-時代で建築をめぐる-』を作成しました。時代と場所を切り口とした写真メインの冊子となっており、電子書籍もございますので、是非ご覧いただき、北九州市の建築巡りにご活用ください。

問見 施設管理者へ個別にお問い合わせください。
HP https://www.city.kitakyushu.lg.jp/ken-to/30100081.html

景観冊子表紙

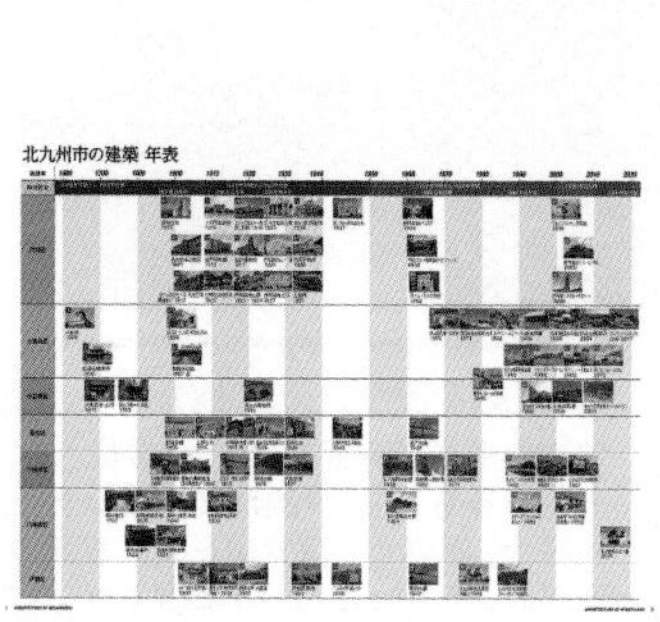

電子書籍（日本語）

電子書籍（英語）

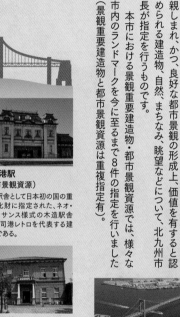

近代建築

Architecture

リバーウォーク北九州

室町一丁目地区市街地再開発事業で整備された、文化・芸術・情報発信・商業などの高度な機能を持つ複合施設です。

建物が東西方向に長いため、周辺への威圧感を抑える工夫として、地上部分は複数の棟からなるようなデザインとし、5つの幾何学的な形をした建物を一体化することで、五市合併の歴史をイメージしています。

また、周辺の紫川や小倉城、勝山公園などとの景観の調和や、豊かな自然環境と共生を図り、「にぎわい」と「くつろぎ」の拠点となっています。

リバーウォーク北九州
〔施設完成時期／平成15年4月〕
📞 093-573-1500
問 リバーウォーク北九州情報サービスセンター
HP https://riverwalk.co.jp/
所 小倉北区室町一丁目1-1
見 可(事務所を除く)
時 10:00～(施設によって営業時間は異なります)
休 無(一部施設を除く)　P 800台

大胆かつ繊細な色使いに注目!

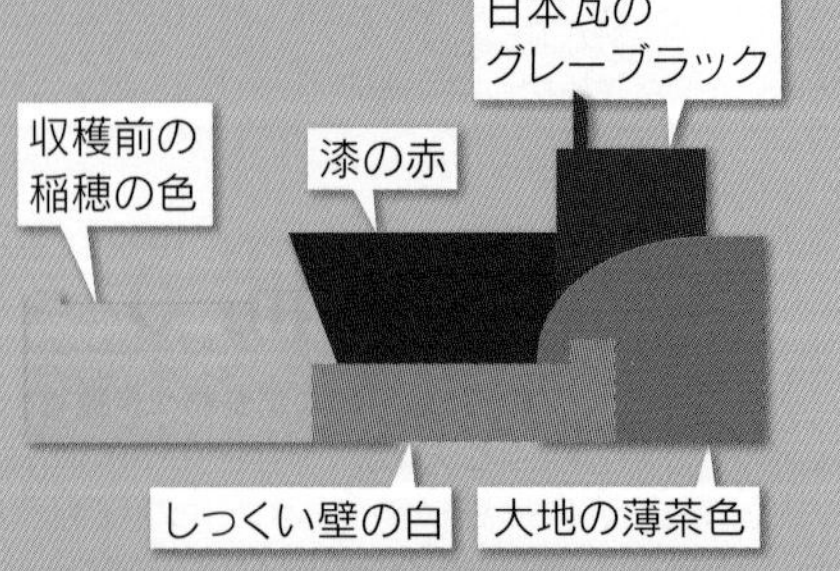

建物の形状と色使いで日本の美を表現

建物の形状は、自然な形、もしくは自然そのものを、色彩は、日本の伝統的な芸術・素材や、大地・作物といった自然要素をモチーフとしています。

年間を通じて

温度が安定している紫川の河川水を利用する熱供給設備を導入し、7%の省エネを図っています。例えば、河川水温が水道水よりも低い夏期には、冷房用の熱源水(冷却水)として使用することで効率的に運転することができます。

担当者から 豆知識

小倉城を意識した設計

建物の形や舗道配置など、小倉城への軸線を意識した設計となっています。また、館内から南方向を眺める場所が数ヶ所あり、ここからしか見られない小倉城は絶景です。

ガーデンシティ小倉

都心に回遊性の高い交流拠点が誕生

小倉駅南口東地区市街地再開発事業として整備された「住・働・憩」が融合した都心型複合施設です。立体的な歩行者ネットワークの形成によりＪＲ小倉駅周辺の回遊性を高め、賑わいの創出と都心居住を実現しています。

建物は、低層部に業務機能と商業・公益的機能、高層部に居住機能を備え、北側に駐車場を整備した都心型複合施設です。ＪＲ小倉駅前のペデストリアンデッキとの接続や東西に貫通する自由通路の整備でまちの回遊性を向上し、様々な都市機能の集約により小倉都心における新たなライフスタイルを提供しています。また、中間免震構造の採用により将来にわたって安心安全な建物を構築するとともに、省エネに配慮した仕様と各所の緑化により環境にやさしい快適な空間を創出しています。

自由通路

自由通路が、ＪＲ小倉駅前広場と東側の地域をつなぎます。非常時には避難路としての役割も果たします。

建設工事前に実施した埋蔵文化財調査の際、発掘された護岸石積みの石を活用しています。

埋蔵文化財調査の様子

転用された護岸石積みの石

ガーデンシティ小倉
〔施設完成時期／令和元年9月〕
☎ 093-582-2469
問 建築都市局事業推進課
所 小倉北区京町三丁目7-1
見 可（住宅、事務所を除く）
P 377台

皿倉山スロープカー

動く展望台

平成18年まで運行していた一人乗り用リフトの代替機として、平成19年に皿倉山スロープカーが整備されました。スロープカーはバリアフリー対応で、高齢の方や小さなお子様連れの方まで、気軽に山頂まで上ることができます。

全面ガラス張りでさえぎるもののない車窓からの景色は、北九州市内はもとより関門海峡までを一望でき、まさに動く展望台といえます。

100億ドルの夜景

山頂からのパノラマの夜景は、平成8年、市民の投票により100億ドルの夜景と称されるようになりました。

皿倉山ケーブルカー

担当者から 豆知識

ケーブルカー沿線のおススメ!!

ケーブルカー沿線では、桜・紅葉・紫陽花などを楽しむことができます。特に、春の山麓駅周辺は桜がきれいで、秋になると紅葉のトンネルを通り抜けるケーブルカーがとても賑わいます。

スイス製のケーブルカーは九州最長!!

旧八幡市の市制40周年記念事業の一環で、「自然と夜景が楽しめる皿倉山頂エリアの交通手段の提供」を目的に昭和32年に運行を開始しました。平成13年にスイス製のケーブルカーにリニューアルし、天井を含む全面ガラス張りの車窓からは、沿線に咲く季節の花々や自然豊かな緑のトンネルを満喫！また、山上駅（9合目）に進むにつれて刻々と表情を変える市街地の雄大な景観を楽しむことができます。

出発地点である山麓駅から山上駅までの標高差440mをおよそ6分で結び、山上駅からは皿倉山スロープカー（約3分）に乗り継いで皿倉山頂（標高622m）まで上ります。

車両愛称は「はるか号」と「かなた号」

2台ある車両の愛称は、現在の新型車両にリニューアルした際に、公募により決定されました。黄色の車両は、はるかに広がる一面のひまわり（市花）畑をイメージすることから『はるか』、青色の車両は皿倉山頂からかなたに広がる青い海をイメージすることから『かなた』です。いずれの愛称も〝未来への期待と希望〟が込められています。

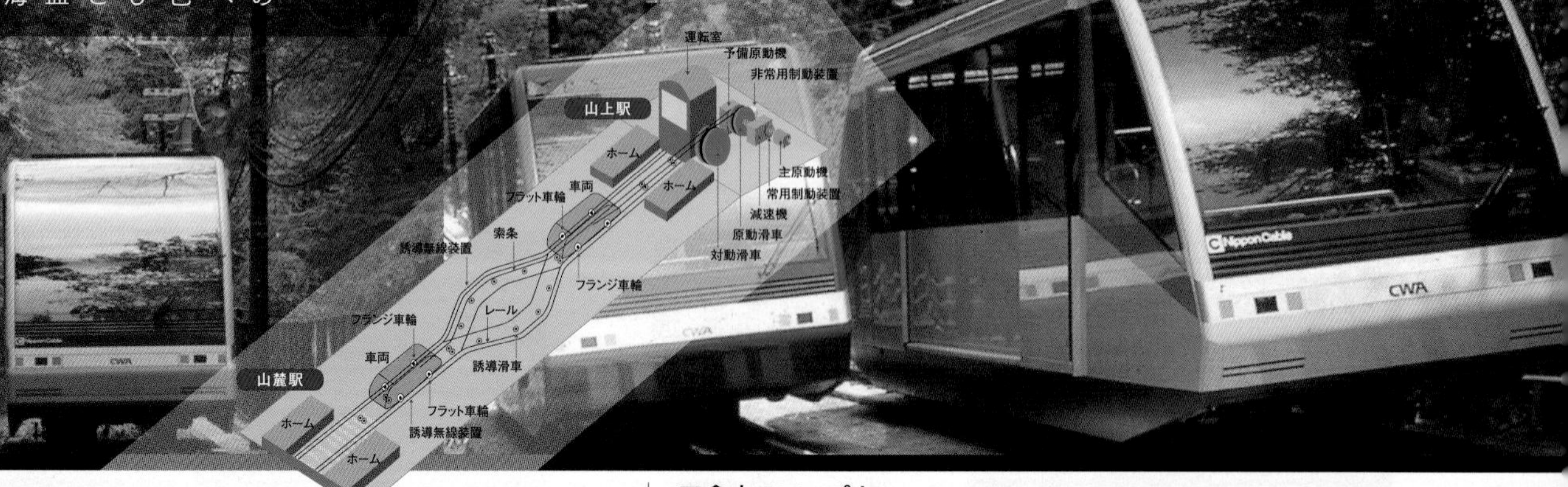

皿倉山ケーブルカー

〔施設完成時期／平成13年6月〕

📞 093-671-4761 問 皿倉登山鉄道株式会社 見 可

HP http://www.sarakurayama-cablecar.co.jp/

所 八幡東区大字尾倉1481-1

P 帆柱公園「立体駐車場」178台
「料金」2時間以内100円、2時間を超えて
4時間以内200円、4時間を超えた場合300円
※使用開始日の翌日以降に出庫の場合、1日あたり300円を加算

休 毎週火曜日及び安全点検日

時 皿倉登山鉄道㈱のHPを参照

¥【大人】片道:¥430　往復:¥820
【小人】片道:¥220　往復:¥410

皿倉山スロープカー

〔施設完成時期／平成19年12月〕

📞 093-671-4761 問 皿倉登山鉄道株式会社 見 可

HP http://www.sarakurayama-cablecar.co.jp/

所 八幡東区大字大蔵2664－1

P 帆柱公園「立体駐車場」178台
「料金」2時間以内100円、2時間を超えて
4時間以内200円、4時間を超えた場合300円
※使用開始日の翌日以降に出庫の場合、1日あたり300円を加算

時 皿倉登山鉄道㈱のHPを参照

休 毎週火曜日及び安全点検日

¥【大人】片道:210円　往復:420円
【小人】片道:110円　往復:220円

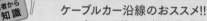

まちづくりを再発見できる

DOBOKU

自然と遊ぼう

Play with nature

子育て、移住したいまちとしても人気の北九州の魅力がいっぱいです。自然と遊び場所の情報満載。

遊んで、触れて。

北九州市立響灘緑地／グリーンパーク

水・緑、そして動物たちとのふれあい

北九州市立響灘緑地 グリーンパーク

北九州市立響灘緑地／グリーンパークは、「水・緑・そして動物たちとのふれあい」を基本テーマとした市内最大の公園です。広大な頓田貯水池を中心に、山林、原野、海浜など変化に富んだ自然が広がり、園内には美しく大きな芝生が広がっています。花や緑、動物を通じて子育て世代を含む3世代が遊んで学べる環境を提供しています。

¥ 利用料金

グリーンパーク入園料〈一般〉150円、〈小・中学生〉70円　次の施設は別途料金が必要です。

園内施設

◆熱帯生態園
〈一般〉350円、〈小・中学生〉200円
◆カンガルー広場
〈一般〉300円、〈小・中学生〉150円
◆ポニー広場
◎乗馬料
〈一般〉500円、〈小・中学生〉350円、〈2歳～未就学児〉250円
◎馬車乗車料
〈一般〉300円、〈中学生以下〉150円

園外施設

◆サイクリングターミナル
◎自転車（2時間）
〈一般〉300円、〈中学生〉190円、〈小学生以下〉150円
◎おもしろ自転車（30分、4歳以上） 300円
◎サイクルボート（20分）
〈2人乗り〉800円、〈3人乗り〉1,000円
◎グラウンドゴルフ（2時間以内）
〈個人〉400円、〈団体（30人以上）〉1人280円
用具の貸出は無料

グリーンパークに新たな遊び場が完成！

（令和5年4月）

太陽の丘

新たな子どもの遊び場「太陽の丘」が完成しました。太陽をイメージした直径20mの大きな滑り台や、長さや傾斜の異なる3つの草そり場。さらには竹林めがけて下っていく、大迫力のロングスライダーも楽しめます。

草そり場

ロングスライダー

すべり台

HIBIKINADA CAMP BASE

都市型キャンプ場が令和5年4月にオープンしました。フリーサイトやオートサイトはもちろん、焚き火台やテントなど（Snow Peak製）のキャンプギアが揃った【手ぶらde楽キャンサイト】も♪

愛犬と過ごせるドギーサイトまで。さらに、施設を使うとグリーンパークを無料で遊べます。

HIBIKINADA CAMP BASE（グリーンパーク内）

電 093−701−5575　問 響灘アーバンアウトドアパートナーズ
HP https://hibikinada-camp.com/
所 若松区竹並1058−11
利 インターネット予約サイトからの事前予約制
時 [IN]13:00～ [OUT] ～10:00

春と秋のバラフェア年二回開催

5月上旬から6月上旬、10月中旬から11月中旬ごろまで、それぞれ春と秋のバラフェアを開催しています。約450種2,700株の美しいバラをお楽しみいただけるだけではなく、様々なイベントなどを開催しています。バラ園は、ウッドデッキ調のスロープを設置しているため、車椅子やベビーカーも安心して、かつ楽しく散策することができます。

北九州市立響灘緑地/グリーンパーク
(バラ園・世界最長のブランコ・じゃぶじゃぶ池・太陽の丘)

093-741-5545 問 指定管理者:グリーンパーク活性化共同事業体
HP https://hibikinadagp.org/ 所 若松区大字竹並1006 見 可 時 9:00〜17:00
P 常設1,124台、臨時2,278台［普通300円、中・大型1,000円］
交【市営バス】若松営業所方面から坊ケ渕下車、二島方面から響灘緑地入口下車
休 基本火曜日(祝日の場合は翌日)そのほか年末〜1/1、冬季休園日あり

担当者から豆知識

バラは病害虫に弱いため、毎朝すべてのバラを観察し、病害虫のチェックを行っています。病気などが発生した場合は、すぐに消毒などを施し、小さい面積でおさめるようにしています。

担当者から豆知識

春秋ともに、花が咲き始める時期をあわせるよう品種ごとに剪定時期をずらし、調整しています。
また、新しい品種を植栽し、目玉になるようなコーナーを作って紹介しています。

夏が楽しい!! じゃぶじゃぶ池

じゃぶじゃぶ池は夏期のみ水を張ります。山の上部から水が湧き出す滑り台が子供たちに大人気です。毎年夏期には、このじゃぶじゃぶ池を中心にプールやエア遊具を配置し、水遊びイベントを開催しています。

ギネス世界記録認定 世界最長のブランコ

水平距離の長さがギネス世界記録™にも認定された100人が利用できるブランコです。乗る場所で見る景色が変わり、自分の好きな景色を見ることができます。

あさの汐風 よるの噴水

あさの汐風公園

都心で自然とエコロジーに出会う

あさの汐風公園は小倉駅新幹線口から徒歩約5分の場所にあります。ペデストリアンデッキからエレベーターを使って公園に降りることができるので、ストレスなく移動することが可能です。

園内には風力発電、太陽光発電の設備がそれぞれ2基設置されていて、脱炭素社会に向けた取組を行う北九州市の特徴を活かした公園です。

トイレは車いすにも対応。ベビーベッドも設置されており、さまざまな年代の市民が利用しやすいつくりとなっています。

8mの高さまで噴き上げる大噴水を楽しもう！

音楽に合わせて、噴水が上がります。噴水の稼働時間は8時30分～9時、9時30分～10時と30分おきに22時まで。日が落ちてくるとライトアップもされ音と光と水のハーモニーを楽しむことが出来ます。

※冬季期間（12月1日～2月28日）は稼働停止。

SHIOKAZE PARK

Let's enjoy walking!

大芝生広場

四季折々の樹木に囲まれた
7,400m²の広場や
ステージでは、イベントも
開催されます。

ゴムチップ園路

1周450mある芝生の
外周は、快適なウォーキング
コースです。

ミスト

ポールから出るミストが
涼しさを感じさせてくれます。
※気温が30度以上の場合のみ稼働。
冬季期間（12月1日～2月28日）
は稼働停止。

エレベーター

四壁面の太陽光発電で
自然エネルギーを生んで
います。

あさの汐風公園

〔施設完成時期／平成23年8月〕

☎ 093-582-2464
問 建設局公園緑地部公園管理課
HP https://jokamachi.jp/asanoshiokaze-park/
所 小倉北区浅野三丁目
見 可

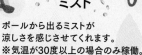

Walk

北九州銀行レトロラインで 門司港散策

ウォーキングにオススメ
美観コース

和布刈《めかり》公園の ノーフォーク広場観潮《かんちょう》遊歩道

和布刈公園の入口に位置しているノーフォーク広場は、姉妹都市との友好を深めるため、昭和61年に小倉北区にあるタコマ通りと併せて整備されました。ベンチや照明灯は、ノーフォーク市の海辺の広場と合わせてデザインされています。広場から塩水プールまでの海岸に沿って、観潮遊歩道や斜面を利用した階段状の休憩コーナーが整備されており、刻々と変化する潮の流れや、関門海峡を往来する大小の船舶を間近に見ることができます。

子どもたちの歓声が
こだまする遊びの拠点！

日本最大級!!

和布刈《めかり》公園のタコ遊具

関門海峡の名物であるタコをモチーフとした遊具で、観光トロッコ列車の運行に合わせて、終点の「関門海峡めかり駅」周辺整備の中で設置されました。高さ約6ｍ、幅約20ｍと、市内に11体ある同型の遊具の中でも最大で、国内最大級といわれています。

和布刈公園のタコ遊具
〔施設完成時期／平成22年3月13日〕
☎ 093-582-2464
問 建設局公園緑地部みどり・公園整備課
所 門司区大字門司（和布刈公園潮風広場）
P 有 休 無 ¥ 無料 時 随時
交 JR門司港駅前からバスで約15分

門司港レトロの街並みと雄大な関門海峡の

景観を楽しめる観光列車 ～10分間の小旅行～

「潮風号」は、ブルートレインを彷彿させる濃紺のボディが印象的で、門司港レトロの街並みに合致した、モダンでおしゃれなデザインです。機関車は、熊本県南阿蘇鉄道で昭和61年から平成19年秋までの期間、トロッコ列車「ゆうすげ号」を牽引していたDB100形ディーゼル機関車2両（DB101・102）を、同鉄道を引退した後に製鉄所構内用として引き取っていた企業から購入し整備して使用しています。客車は、平成20年3月まで、長崎県の島原鉄道で「ハッピートレイン」として活躍したトラ70000形2両（トラ701・702）を改造したものです。この車両は島原鉄道では、雲仙普賢岳を望むルートを走り、観光客から高い人気を誇っていましたが、島原鉄道の島原外港以南の路線廃止に伴い、運行を終えたという経緯があります。

乗車定員は2両で100名（着席78名、立席22名）です。運行区間は、JR門司港駅隣の「九州鉄道記念館駅」を起点に、「出光美術館駅」、「ノーフォーク広場駅」を経て、終点「関門海峡めかり駅」まで約10分かけて運行しています。

2つの日本一観光列車！

「潮風号」の最高速度は日本一遅い時速15km、線路の長さも日本一短い2.1kmです。季節や時間によって変わる門司港レトロや関門海峡をゆっくりとした速度でお楽しみいただけます。

九州でも珍しいトロッコ列車！

九州でトロッコ列車が楽しめるのは南阿蘇鉄道と「潮風号」だけです。懐かしいエンジン音と共に景色をお楽しみください。

トンネルも見どころ！

途中の和布刈トンネルは昭和4年完成。トンネル内では幻想的な客車天井や歴史を感じるトンネルの岩肌にご注目ください。

北九州銀行レトロライン「潮風号」

〔施設完成時期／平成21年3月（運行開始：平成21年4月26日）〕

☎ 093-331-1065　問 平成筑豊鉄道（株）門司港事業所

HP https://www.retro-line.net/　見 不可　P 専用駐車場なし

時 土日祝日（年末年始を除く）ただしGW・夏休み期間は毎日運行
定期運行日以外でも団体貸切による運行が可能　※要事前相談

¥ 片道：大人300円、小児150円
1日フリー乗車券：大人600円、小児300円
当日何回でも乗車できます。
※その他、お得なセットきっぷもあります。

当時は屋外のタイル壁画では最大！

和布刈《めかり》公園の展望台とタイル壁画

和布刈公園山頂から、一方通行を少し下った中腹にある第二展望台には、有田焼の陶板タイル約1，400枚を使用した、高さ3ｍ幅44ｍの「源平壇之浦合戦絵巻」があります。眼下にある関門海峡で繰り広げられた源平最後の戦いを描いたもので、下関市の赤間神宮に伝わる「安徳天皇縁起図」を参考にしたものです。

和布刈公園の展望台とタイル壁画

〔施設完成時期／平成2年10月2日〕

☎ 093-582-2460

問 建設局公園緑地部みどり・公園整備課

所 門司区大字門司（和布刈公園第二展望台）

P 有　休 無

交 JR門司港駅前からバスで約10分

ノーフォーク広場 観潮遊歩道

〔施設完成時期／昭和61年10月7日〕

☎ 093-582-2460

問 建設局公園緑地部みどり・公園整備課

所 門司区大字門司
（和布刈公園ノーフォーク広場）

P 有　休 無

交 JR門司港駅前からバスで約10分

到津《いとうづ》の森公園 ZOO

人と自然を結ぶ

頭の上を
通りま～す

LOVE &
PEACE

シンボルの
観覧車

動物のいる自然の森公園

市民が支える自然の森公園として開園し、自然や動物とのふれあいを通して学習する環境教育施設です。ゾウ、キリン、ライオンなど約80種、４７０点の動物が展示されており、観覧車やメリーゴーラウンドなどの遊具、３，０００㎡の芝生広場もあります。一歩足を踏み入れると、緑豊かな都心のオアシスとして、季節を彩る珍しい木々や草花に迎えられます。動物とのふれあいや自然環境をテーマに様々なイベントが開催されています。

new!

南側エントランスリニューアル

到津の森公園の賑わいづくりや魅力向上を図るため、Ｐａｒｋ-ＰＦＩ制度を活用して南側エントランスのリニューアル整備を行いました。キリンエレベーターやアニマルモニュメントのほか、授乳室やキッズトイレを備えた森の案内所や飲食施設などを整備しました。また、このリニューアルに合わせて、動物をモチーフにデザインした特別なバス停も設置しました。

到津の森公園

到津の森公園 〔施設完成時期／平成14年4月開園〕

- 093-651-1895
- 問 到津の森公園　HP https://www.itozu-zoo.jp/
- 所 小倉北区上到津四丁目1-8　見 可　P 有
- 時 9：00～17：00（夜間営業日あり）
- 休 火曜日（火曜日が祝日の場合はその翌日）、年末年始
  ※春夏休み、行楽シーズンは休園なしで営業する場合あり。
- ¥ 大人800円、中高生400円、4歳～小学生100円
  団体料金（25人以上）…大人600円、中高生300円、4歳～小学生50円

担当者から豆知識

到津の森公園開園20周年記念事業
～レッサーパンダ屋外運動場～

令和4年11月にレッサーパンダ屋外運動場が完成しました。新しい運動場では、もともと植えられていたケヤキの木に約6mのつり橋が架けられました。新しい空間に慣れる練習を行い、少しずつ色んな場所を探索する行動が見られています。タイミングがよければ木の上に登る姿を見ることができるかも？到津の森公園では野生に近い環境での飼育を目指しています。

絶景の国定公園を眺めながらのんびり過ごす

ソラランド平尾台

星空満喫 グランピング平尾台

「グランピング」とは、「魅力的な」「わくわくさせる」という意味の〝glamorous〟と〝camping〟を合わせた造語で、優雅で贅沢なアウトドアキャンプとしてブームになっている新しいキャンプスタイルです。ベッドはもちろん、冷蔵庫・エアコン、Wi-Fiなど、アウトドアを忘れるくらい、テントの中ではリゾート感を味わうことができます。

北九州市初のRVパーク&西日本最大級のドッグラン「平尾台テラス」

国定公園『平尾台』を一望する絶景の中で、ワンちゃんと一緒にキャンプやBBQができる!『RVパーク&ドッグラン 平尾台テラス』がソラランド平尾台(平尾台自然の郷)にオープン!ドッグランのみの利用もOK!

大自然の風景を楽しみながら園内を周遊♪

ソラランド平尾台(平尾台自然の郷)

〔施設完成時期/平成15年4月開園〕

- 093-452-2715　問 指定管理者:ハートランド平尾台㈱
- HP https://cocokite-yokatta.jp/
- 所 小倉南区平尾台一丁目1-1　見 可　¥ 無料　P 有
- 時 9:00~17:00(12月~2月は10:00~16:00)
- 休 火曜日(火曜日が祝日の場合は翌日)、12月29日~1月3日(但し1月1日は初日の出会)
- 交 九州道・小倉南ICから車で約20分/JR石原町駅からタクシーで約15分

自然環境に配慮した道路 直方行橋線

直方行橋線は、直方市を起点とし八幡西区畑~小倉南区新道寺を経由し、行橋市を終点とする延長13.4㎞の主要地方道です。

本路線のうち、九州最大のカルスト台地「平尾台」(北九州国定公園)を通過する区間では、カルスト地形特有のドリーネ(すり鉢状の窪地)や裸出した石灰岩群「羊群原」が広がる自然豊かで独特な風景が見られます。

福岡県自然環境保全審議会の審議を経て、ドリーネや羊群原を避けるようにルートを決め、土の切り盛りがドリーネに影響を及ぼさないよう、橋梁を4箇所から6箇所に増やし、豊かな自然環境の改変が最小限となるように配慮されています。

知って納得!ドライブがもっと楽しくなる!

直方行橋線《のおがたゆくはしせん》 道路MAP

さらに景観に配慮

路肩に設置するガードレールについても、極力ワイヤータイプを採用することにより、景観に配慮されています。

自然環境を活かした雨水排水

平尾台には、多数のドリーネ(すり鉢状の窪地)があり、雨水は、このドリーネを通じて地下へ流入しています。道路の雨水排水についても、小区間毎に分散させ、自然に近い状態でドリーネへ流入するようになっています。

景観に配慮した橋梁

本路線に架かる橋梁は、上部構造を極力薄くし、橋脚についても極力細い構造とすることにより、橋梁全体を目立たないようにしています。

直方行橋線

〔施設完成時期/平成2年8月〕

- 093-582-2279
- 問 建設局道路建設課
- 所 小倉南区大字新道寺~行橋市境
- 見 可

21st Century ▶ 山田緑地 ▶ 30th Century

30世紀の森づくり

自然保護の大切さを伝えていく

山田緑地では、この森を守り・育て・学びながら、遠い未来の人々に自然保護の大切さを伝えていくために「30世紀の森づくり」を進められています。

園内は、来園者が森の自然にふれ、体験しながら観察し、自由に過ごし利用できる「利用区域（約40ha）」と、自然環境保護を優先する「保全区域」「保護区域」とにエリアを分けて管理されています。

利用区域は、ピクニックなどを楽しめる2haの広大な芝生広場や、水深が浅く安心して水遊びができる人工のせせらぎ、野生の草花が多く観察できる野草広場、自然を体験できるエコプレイパークなどがあります。

保全区域は、今ある植生を維持しながら、人が自然にふれあい、親しむことができ、散策を楽しみながら植物や昆虫、鳥などを観察できます。

森の家

芝生広場横には日本最大級のログハウスがあり、館内には山田緑地の自然や生き物の生態を解説した展示コーナーや休憩室のほか、市民企画の音楽会や様々なワークショップ、講座などが開催できる催し会場（会議室）も備わっています。

担当者から
豆知識

森の中の出会い

四季折々の自然が満喫できます。野草広場や水辺では、さまざまな植物や昆虫を観察できます。また、保全区域内を巡る自然観察路では、豊かな自然の中で散策を楽しむこともできます。年間を通して100種以上の鳥類が観察できる山田緑地。季節ごとに、さまざまな野鳥がみなさんをお待ちしています。

山田緑地
〔施設完成時期／平成7年3月〕
093-582-4870
問 山田緑地　HP https://yamada-park.jimdofree.com/
所 小倉北区山田町　見 可　P 有　時 9:00～17:00
休 火曜日（火曜日が祝日の場合はその翌日）、年末年始　¥ 無料

白野江《しらのえ》植物公園

60種700本の桜

四季折々の花たち

春はボタン、夏はアジサイやハス、秋はヒガンバナや紅葉、冬はツバキやスイセンといったように四季折々に花が咲いて、目を楽しませてくれます。

四季折々の花が咲く 北九州唯一の花木公園

周防灘を望む小高い丘にある公園。入口広場には、樹齢4～500年の県指定天然記念物サトザクラや、ちょっと珍しい緑黄色の花を咲かせる御衣黄桜（ギョイコウザクラ）があります。

春には10月から始まる約60種700本の桜リレーのピークを迎えます。

山頂の大パノラマ

森林浴で癒されながら、山頂までのピクニックを楽しんでください。

頑張ったご褒美に山頂からはパノラマのような絶景、周防灘が一望できます。

担当者から豆知識

「映える」写真はおまかせ！

結婚式の前撮りやコスプレ撮影も人気。無料の休憩所で着替えて、四季に合わせた「映える」写真ができますよ。

白野江植物公園

〔施設完成時期／平成8年3月〕

☎ 093-341-8111　問 白野江植物公園　見 可　P 有

HP https://www.shiranoe.com/

所 北九州市門司区白野江二丁目　¥ 一般300円　小中学生150円

時 9:00～17:00　休 火曜日（2～6月、9～11月は無休）

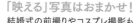

dairi

身体をい〜っぱい動かそう

大《だい》里《り》公園

遊具が充実。草そりも楽しめる運動公園

芝生広場

気軽にスポーツ・レクリエーションが楽しめる芝生の広場のほか、広場の外周には、ジョギングにも利用できるゴムチップ舗装を整備しています。

遊具広場

約7mの高低差を活かして、ロングスライダー、クライミングウォール、ロープのぼり、草そり場を整備しています。

戸ノ上山のふもとにあり、眼下に関門海峡や響灘が望めるすぐれた眺望の運動公園です。

野球場をはじめとする運動施設、緑の多い散策道や、展望台、桜広場などの休養施設が自然の中に調和よく配置されています。

平成30年度から「モデルプロジェクト再配置計画（大里地域）」の一環で、旧門司競輪場跡地を含む公園の再整備に着手しています。

これまでに遊具広場や、芝生広場の整備が完了しており、多くの利用者でにぎわっています。

また、花見の名所としても知られており、桜の季節には多くの人でにぎわいます。

担当者から豆知識

展望台からの眺望

自然豊かな散策道を抜けた公園の北側には展望台を整備しています。展望台からは、大里公園の緑、門司の街並み、関門海峡が一望できます。

大里公園

〔施設完成時期／令和6年3月（予定）〕

☎ 093-582-2460

問 建設局公園緑地部みどり・公園整備課

HP https://www.city.kitakyushu.lg.jp/kensetu/file_0234.html

所 門司区不老町一丁目ほか　見 可　P 有

sone

曽根臨海公園
（愛称：曽根東臨海スポーツ公園）

曽根干潟の貴重な自然と市街地を結ぶ緑地帯

曽根干潟に面した面積約10haの総合公園で、ソフトボール場が4面とれる多目的グラウンド、幅広い世代が楽しめる遊具広場を整備しています。

このほかにも、管理棟において、曽根干潟の自然、地域の歴史、地元出身で世界的にも有名な気象学者である藤田哲也氏の生い立ちをたどる展示を行っています。

遊具の特徴

大型複合遊具は、野鳥やカブトガニをモチーフとした曽根干潟らしさを活かしたデザインになっています。また、遊具の頂上からは曽根干潟を一望できます。

遊具からの眺望

曽根干潟の自然に関する展示

曽根干潟は、カブトガニが生息し、ズグロカモメが飛来する、全国有数の干潟として知られています。野鳥愛好家や地域の方々の関心が高く、調査や研究を行っている有志による団体も存在し、近隣の曽根東小学校では、干潟を利用した環境学習も実施されています。

藤田博士に関する展示

曽根臨海公園〔施設完成時期／令和5年9月〕

☎ 公園について:093-582-2460
グラウンドの利用について:093-383-0344

問 公園について：建設局公園緑地部みどり・公園整備課　グラウンドの利用について：曽根臨海運動場管理事務所

HP https://www.city.kitakyushu.lg.jp/kensetu/04800022.html

所 小倉南区大字曽根　見 可　P 有

船《せん》場《ば》広場

都心の『にぎわい』を
創出する広場

普段の暮らしの中にある
『憩い』の広場

常に『チャレンジ』
し続ける広場

船場広場
〔施設完成時期／令和元年7月〕
☎ 050-3435-0190
問 株式会社北九州家守舎
HP https://www.senbahiroba.com/
所 小倉北区船場町3-10　見 可　P 無

小倉都心の一等地にある旧小倉ホテル跡地が、令和元年、
新たなにぎわいと憩いの空間として生まれ変わりました。
自由な発想による活用で、地域のための広場を目指します。

おすすめのモデルコース

編集担当者がおすすめする観光モデルコースを紹介します。

国重要文化財をめぐろう
[歴史コース]

START!! 九州道 門司IC

車で13分

- **部埼灯台** [P.76]

車で30分

- **JR門司港駅** [P.64]

徒歩ですぐ

- **旧門司三井倶楽部**

車で30分

- **旧安川邸** [P.82,83]

車で12分

- **若戸大橋** [P.2,3]

車で7分

GOAL!! 北九州都市高速 枝光出入口

環境を学ぼう
[環境学習コース]

START!! 北九州都市高速 枝光出入口

車で5分

- **タカミヤ環境ミュージアム（北九州市環境ミュージアム）** [P.23]

車で21分

- **北九州市エコタウンセンター** [P.17]

車で3分

- **北九州市響灘ビオトープ** [P.17]

車で2分

- **響灘北緑地** [P.16]

車で15分

GOAL!! 若戸トンネルから北九州都市高速

北九州で遊ぼう
[家族で遊べるコース]

START!! 北九州都市高速 枝光出入口

車で3分

- **THE OUTLETS KITAKYUSHU（東田土地区画整理事業）** [P.22]

車で10分

- **到津の森公園** [P.98]

車で5分

GOAL!! 北九州都市高速 下到津IC

この他にも
「北九州市観光情報サイト『ぐるリッチ！北Q州』」にて
市内施設や観光情報等を紹介しています。
ご覧ください。

北九州市観光サイト
ぐるリッチ！北Q州

HP:https://www.gururich-kitaq.com/

まちづくりを再発見できる情報誌

DOBOKU

北九州市を深掘りした175選

インデックス

まちぶらマップ

C
D
関門トンネル
[P58]
関門海峡
新関門トンネル[P57]
壇之浦PA
関門橋
[P58]
めかりPA
田野浦埠頭[P33]
門司港IC
太刀浦
コンテナ
ターミナル
[P32]
馬島
和合良島
下関市
下関駅
竹ノ子島
門司港駅
門司区役所
響灘
リサイクルポート岸壁
[P21]
関門港
彦島
関門鉄道
トンネル
[P56]
JR鹿児島本線
春日出入口
門司IC
若戸トンネル
[P4·5]
新若戸道路
水道連絡管
[P39]
戸畑区
川代埠頭
[P33]
小倉北区広域マップ P110
小森江駅
門司
消防署
門司駅
九州自動車道
若戸大橋[P2·3]
若松消防署
若松区役所
新日鐵八幡
製鉄所
九工大前駅
若松駅
若松港築港
関連施設群
[P74]
戸畑駅
戸畑消防署
九州
工大
北九州都市高速2号線
小倉北区
大里出入口
大里
出張所
門司区
周防灘
戸畑区役所
旧安川邸[P82、83]
北九州都市高速5号線
東港JCT
小倉駅
富野PA
富野出入口
北九州都市高速4号線
小倉北
区役所
北九州
都市高速道路
[P52·53]
新門司IC
畑貯水池
新門司フェリー
ターミナル
[P33]
戸畑区エリアマップ P113
枝光出入口
枝光駅
東田出入口
スペース
ワールド駅
愛宕JCT
紫川JCT
板櫃川
大谷出入口
八幡東区役所
北九州都市高速4号線
山路PA
山路出入口
北方出入口
城野駅
小倉南
区役所
吉志PA
松ヶ江
出張所
北九州空港
[P30·31]
大谷JCT
帆柱
ケーブル
八幡東区
山田緑地
北九州都市高速1号線
竹馬川
門司区エリアマップ P112
石田駅
小倉東IC
下曽根駅
曽根出張所
曽根臨海公園
[P103]
間島
北九州
モノレール
[P54]
八幡東区エリアマップ P114
企救丘駅
志井公園駅
両谷
出張所
北九州JCT
JR日豊本線
北九州空港
連絡橋
[P30·31]
貫川
朽網駅
小倉南IC
九州縦貫自動車道
[P51]
志井駅
東九州自動車道
[P50]
昭和池
苅田北九州空港IC
神ノ島
小倉南区
石原町駅
道原
貯水池
東谷
出張所
JR日田彦山線
平尾台
苅田町
呼野駅
直方行橋線
[P99]
小倉南区エリアマップ P113
福智町
香春町
行橋市

KITAKYUSHU SPOT

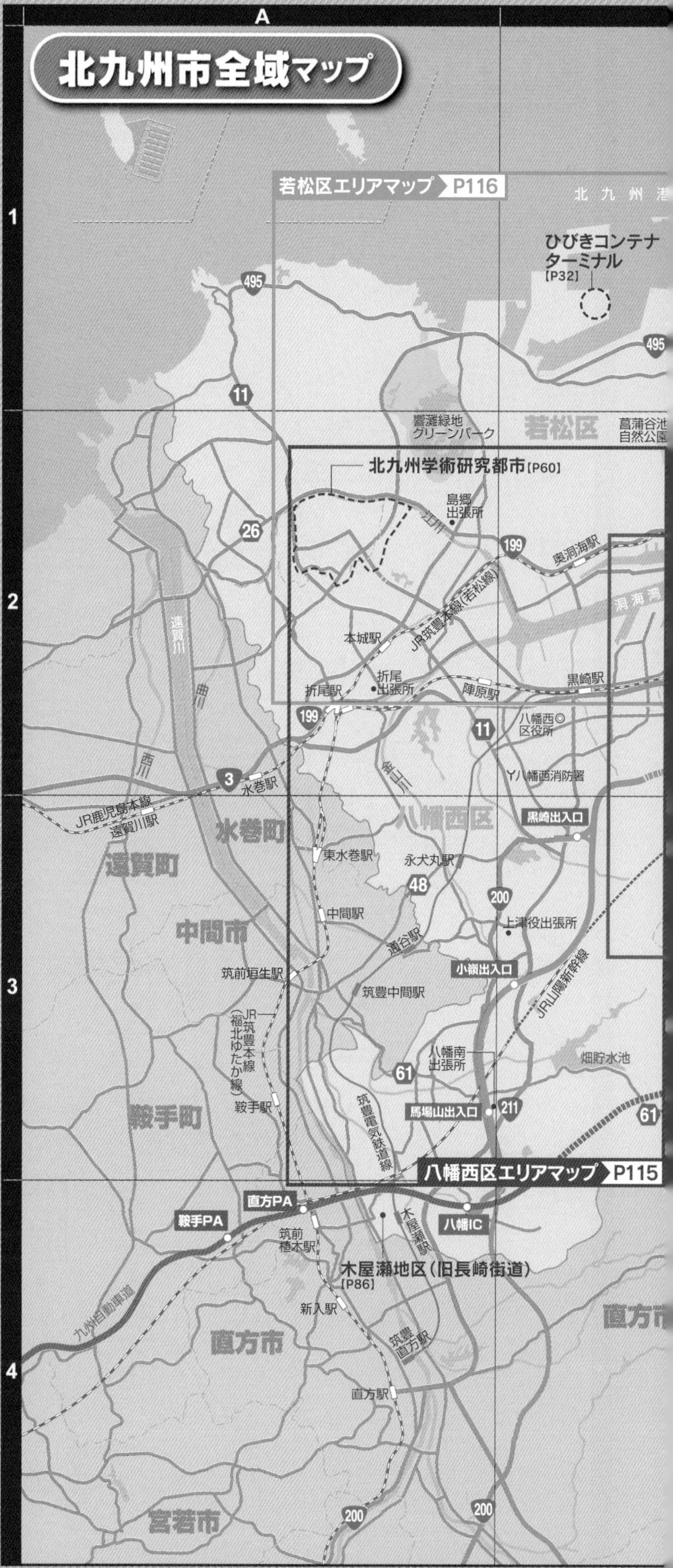

小倉北区広域マップ

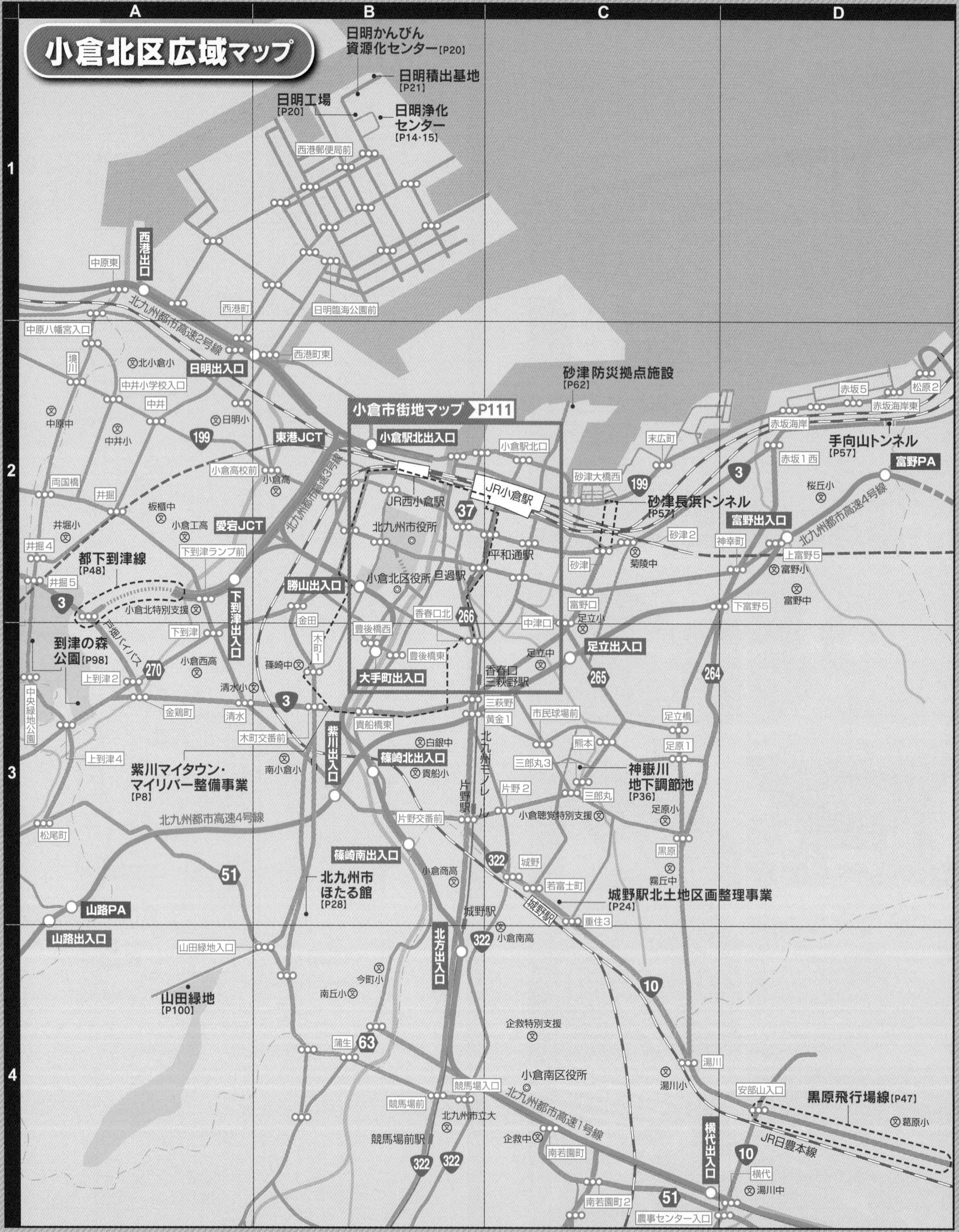

A
B
C
D
1
2
3
4
日明かんびん
資源化センター［P20］
日明積出基地
［P21］
日明工場
［P20］
日明浄化
センター
［P14･15］
西港郵便局前
西港出口
中原東
西港町
日明臨海公園前
北九州都市高速2号線
中原八幡宮入口
西港町東
境川
北小倉小
日明出入口
中井小学校入口
中井
中原中
中井小
日明小
199
東港JCT
小倉市街地マップ P111
小倉駅北出入口
小倉駅北口
砂津防災拠点施設
［P62］
赤坂5
松原2
赤坂海岸東
赤坂海岸
末広町
手向山トンネル
［P57］
赤坂1西
富野PA
桜丘小
北九州都市高速4号線
砂津大橋西
JR小倉駅
砂津長浜トンネル
［P57］
富野出入口
神幸町
上富野5
富野小
富野中
下富野5
砂津2
菊陵中
砂津
富野口
足立小
中津口
足立出入口
足立中
264
265
小倉高校前
小倉高
北九州都市高速3号線
両国橋
井掘
板櫃中
小倉工高
愛宕JCT
井堀小
井堀4
都下到津線
［P48］
下到津ランプ前
井堀5
3
小倉北特別支援
下到津出入口
JR西小倉駅
37
北九州市役所
平和通駅
小倉北区役所
旦過駅
勝山出入口
金田
香春口北
266
豊後橋西
木町1
豊後橋東
大手町出入口
香春口
三萩野駅
下到津
到津の森
公園［P98］
戸畑バイパス
270
小倉西高
篠崎中
上到津2
清水小
中央緑地公園
金鶏町
清水
三萩野
黄金1
市民球場前
足立橋
木町交番前
貴船橋東
白銀中
紫川出入口
熊本
足原1
上到津4
紫川マイタウン・
マイリバー整備事業
［P8］
南小倉小
篠崎北出入口
貴船小
北九州モノレール
三郎丸3
神嶽川
地下調節池
［P36］
三郎丸
足原小
片野2
片野駅
北九州都市高速4号線
片野交番前
小倉聴覚特別支援
松尾町
篠崎南出入口
322
城野
黒原
51
北九州市
ほたる館
［P28］
小倉商高
霧丘中
若富士町
城野駅北土地区画整理事業
［P24］
山路PA
城野駅
重住3
山路出入口
山田緑地入口
北方出入口
小倉南高
今町小
10
南丘小
山田緑地
［P100］
企救特別支援
蒲生
63
湯川
小倉南区役所
湯川小
競馬場入口
安部山入口
黒原飛行場線［P47］
競馬場前
北九州市立大
北九州都市高速1号線
葛原小
企救中
JR日豊本線
競馬場前駅
南若園町
横代出入口
横代
湯川中
南若園町2
農事センター入口

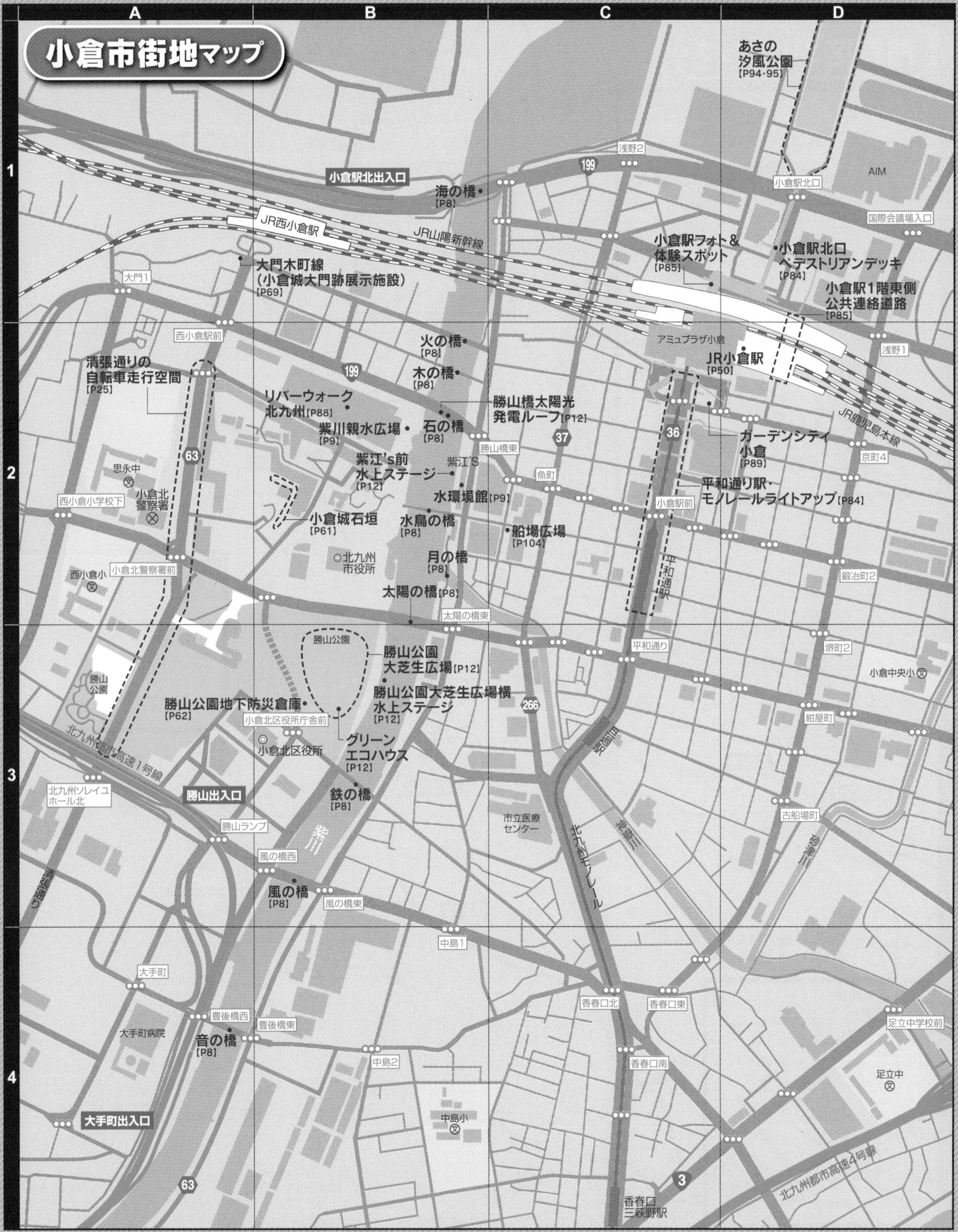

小倉市街地マップ
A
B
C
D
1
2
3
4
あさの
汐風公園
[P94・95]
AIM
浅野2
199
小倉駅北出入口
海の橋
[P8]
小倉駅北口
国際会議場入口
JR西小倉駅
JR山陽新幹線
小倉駅フォト＆
体験スポット
[P85]
小倉駅北口
ペデストリアンデッキ
[P84]
大門木町線
(小倉城大門跡展示施設)
[P69]
大門1
小倉駅1階東側
公共連絡道路
[P85]
西小倉駅前
火の橋
[P8]
アミュプラザ小倉
JR小倉駅
[P50]
浅野1
清張通りの
自転車走行空間
[P25]
木の橋
[P8]
リバーウォーク
北九州[P88]
勝山橋太陽光
発電ルーフ[P12]
紫川親水広場
[P9]
石の橋
[P8]
勝山橋東
37
36
JR鹿児島本線
カーデンシティ
小倉
[P89]
京町4
63
思永中
紫江's前
水上ステージ
[P12]
紫江'S
魚町
小倉北
警察署
平和通り駅・
モノレールライトアップ[P84]
西小倉小学校下
水環境館[P9]
小倉駅前
小倉城石垣
[P61]
水鳥の橋
[P8]
船場広場
[P104]
小倉北警察署前
北九州
市役所
月の橋
[P8]
平和通駅
鍛冶町2
西小倉小
太陽の橋[P8]
太陽の橋東
勝山公園
勝山公園
大芝生広場[P12]
平和通り
堺町2
勝山
公園
小倉中央小
勝山公園大芝生広場横
水上ステージ
[P12]
266
勝山公園地下防災倉庫
[P62]
小倉北区役所庁舎前
紺屋町
北九州都市高速1号線
グリーン
エコハウス
[P12]
小倉北区役所
旦過
3
北九州ソレイユ
ホール北
勝山出入口
鉄の橋
[P8]
古船場町
勝山ランプ
市立医療
センター
紫川
神嶽川
砂津川
北九州モノレール
風の橋西
清張通り
風の橋
[P8]
風の橋東
中島1
大手町
香春口北
香春口東
足立中学校前
大手町病院
豊後橋西
豊後橋東
音の橋
[P8]
中島2
香春口南
足立中
中島小
大手町出入口
63
3
北九州都市高速4号線
香春口
三萩野駅

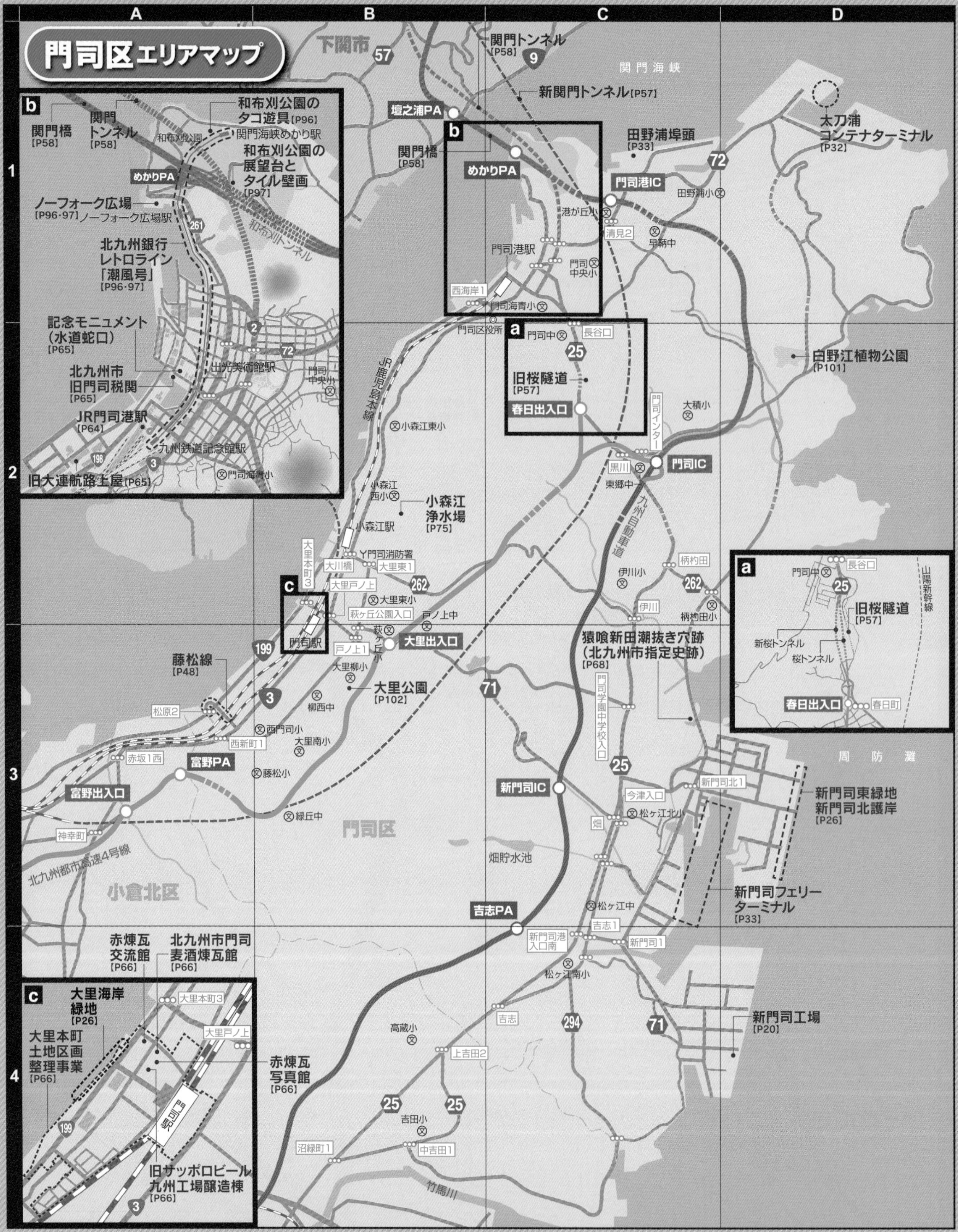
門司区エリアマップ
A
B
C
D
1
2
3
4
下関市
関門トンネル
[P58]
新関門トンネル[P57]
関門海峡
壇之浦PA
関門橋
[P58]
めかりPA
田野浦埠頭
[P33]
太刀浦
コンテナターミナル
[P32]
門司港IC
田野浦小
港が丘小
清見2
早鞆中
門司港駅
門司中央小
西海岸1
門司海青小
門司区役所
門司中
長谷口
旧桜隧道
[P57]
春日出入口
白野江植物公園
[P101]
大積小
門司インター
JR鹿児島本線
小森江東小
門司IC
黒川
東郷中
九州自動車道
小森江西小
小森江浄水場
[P75]
小森江駅
門司消防署
大川橋
大里東1
大里本町3
大里戸ノ上
大里東小
萩ケ丘公園入口
戸ノ上中
柄杓田
伊川小
伊川
柄杓田小
猿喰新田潮抜き穴跡
(北九州市指定史跡)
[P68]
萩ケ丘小
大里出入口
戸ノ上1
門司駅
藤松線
[P48]
大里柳小
大里公園
[P102]
柳西中
門司学園中学校入口
松原2
西門司小
大里南小
西新町1
赤坂1西
富野PA
藤松小
富野出入口
周防灘
新門司IC
今津入口
新門司北1
松ヶ江北小
新門司東緑地
新門司北護岸
[P26]
緑丘中
門司区
神幸町
北九州都市高速4号線
畑
畑貯水池
小倉北区
新門司フェリーターミナル
[P33]
松ヶ江中
吉志PA
吉志1
新門司港入口南
新門司1
松ヶ江南小
吉志
新門司工場
[P20]
高蔵小
上吉田2
吉田小
沼緑町1
中吉田1
竹馬川
b
関門橋
[P58]
関門トンネル
[P58]
和布刈公園
和布刈公園のタコ遊具[P96]
関門海峡めかり駅
和布刈公園の展望台とタイル壁画
[P97]
めかりPA
ノーフォーク広場
[P96·97]ノーフォーク広場駅
和布刈トンネル
北九州銀行レトロライン「潮風号」
[P96·97]
記念モニュメント(水道蛇口)
[P65]
出光美術館駅
門司中央小
北九州市旧門司税関
[P65]
JR門司港駅
[P64]
九州鉄道記念館駅
門司海青小
旧大連航路上屋[P65]
a
門司中
長谷口
旧桜隧道
[P57]
新桜トンネル
桜トンネル
山陽新幹線
春日出入口
春日町
c
赤煉瓦交流館
[P66]
北九州市門司麦酒煉瓦館
[P66]
大里海岸緑地
[P26]
大里本町3
大里戸ノ上
大里本町土地区画整理事業
[P66]
赤煉瓦写真館
[P66]
門司駅
旧サッポロビール九州工場醸造棟
[P66]

戸畑区エリアマップ

小倉南区エリアマップ

八幡東区エリアマップ

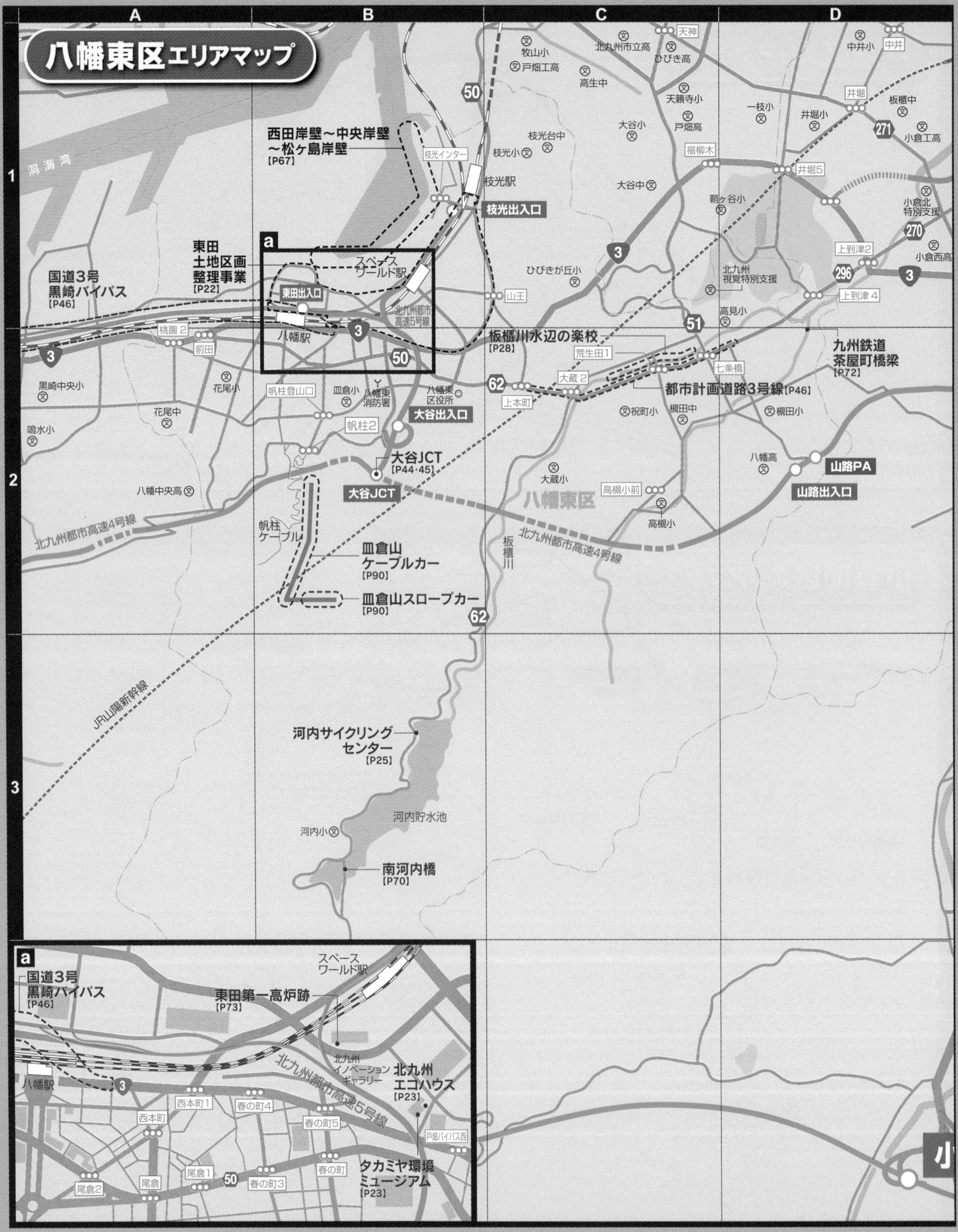

A
B
C
D
1
2
3
洞海湾
西田岸壁～中央岸壁
～松ヶ島岸壁
[P67]
東田
土地区画
整理事業
[P22]
国道3号
黒崎バイパス
[P46]
東田出入口
スペースワールド駅
八幡駅
北九州都市高速5号線
枝光インター
枝光駅
枝光出入口
板櫃川水辺の楽校
[P28]
都市計画道路3号線[P46]
九州鉄道
茶屋町橋梁
[P72]
大谷出入口
大谷JCT
[P44·45]
大谷JCT
八幡東区
北九州都市高速4号線
帆柱
ケーブル
皿倉山
ケーブルカー
[P90]
皿倉山スロープカー
[P90]
JR山陽新幹線
河内サイクリング
センター
[P25]
河内貯水池
河内小
南河内橋
[P70]
板櫃川
山路PA
山路出入口
牧山小
戸畑工高
北九州市立高
ひびき高
高生中
天籟寺小
戸畑高
大谷小
枝光台中
枝光小
大谷中
一枝小
井堀小
板櫃中
小倉工高
中井小
天神
中井
井堀
福柳木
井堀5
鞘ヶ谷小
小倉北
特別支援
小倉西高
上到津2
上到津4
北九州
視覚特別支援
高見小
ひびきが丘小
山王
荒生田1
七条橋
大蔵2
上本町
祝町小
槻田中
槻田小
八幡高
大蔵小
高槻小前
高槻小
桃園2
前田
黒崎中央小
花尾小
花尾中
鳴水小
八幡中央高
帆柱登山口
皿倉小
八幡東消防署
八幡東区役所
帆柱2
a
国道3号
黒崎バイパス
[P46]
東田第一高炉跡
[P73]
北九州
イノベーション
ギャラリー
北九州
エコハウス
[P23]
スペース
ワールド駅
八幡駅
北九州都市高速5号線
西本町1
春の町4
西本町
春の町5
戸畑バイパス西
尾倉1
春の町
春の町3
尾倉2
尾倉
タカミヤ環境
ミュージアム
[P23]

八幡西区エリアマップ

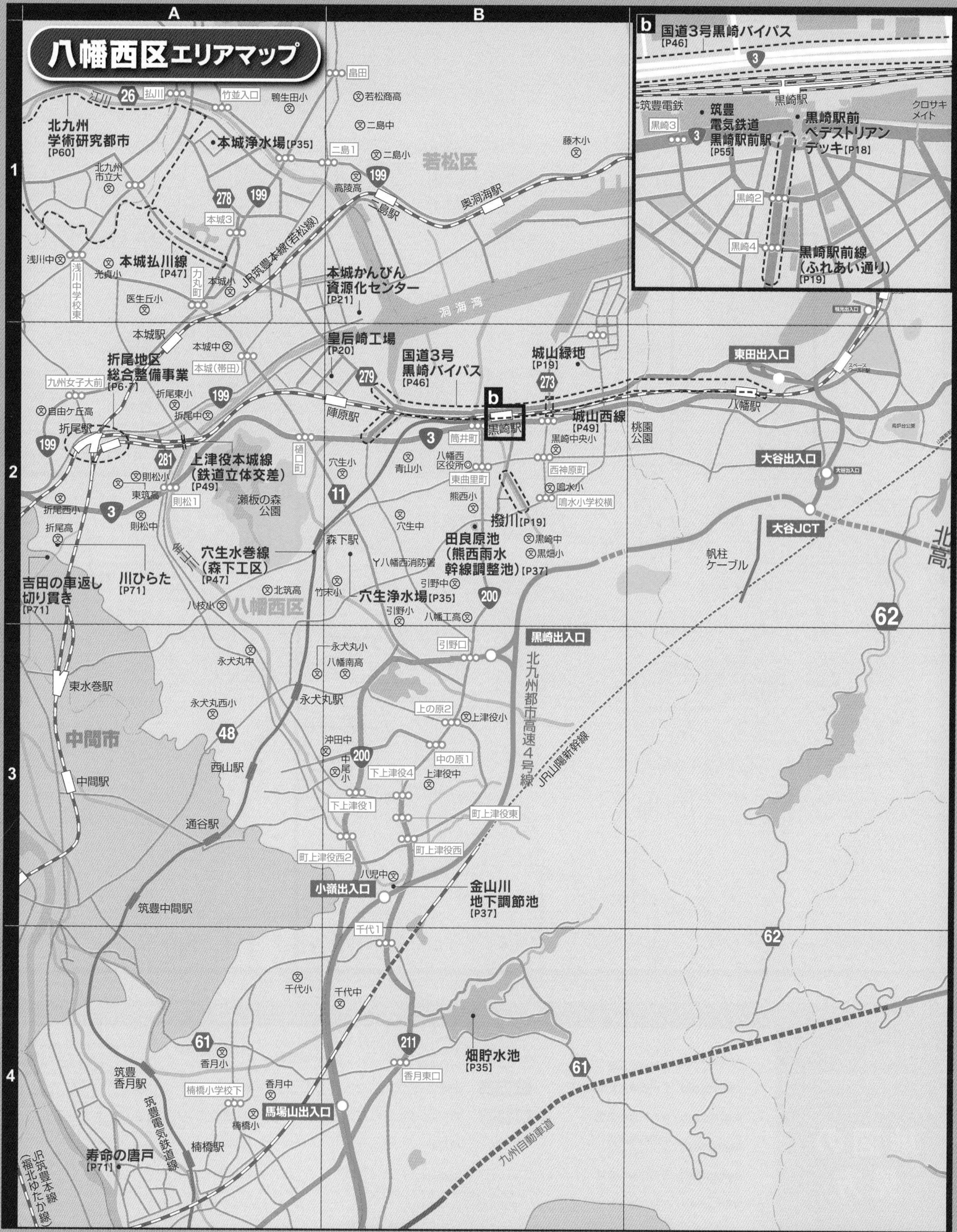
A
B
1
2
3
4
北九州学術研究都市
[P60]
本城浄水場[P35]
本城払川線
[P47]
本城かんびん資源化センター
[P21]
皇后崎工場
[P20]
国道3号黒崎バイパス
[P46]
城山緑地
[P19]
折尾地区総合整備事業
[P6·7]
上津役本城線（鉄道立体交差）
[P49]
城山西線
[P49]
撥川[P19]
田良原池（熊西雨水幹線調整池）[P37]
穴生水巻線（森下工区）
[P47]
穴生浄水場[P35]
川ひらた
[P71]
吉田の車返し切り貫き
[P71]
金山川地下調節池
[P37]
畑貯水池
[P35]
寿命の唐戸
[P71]
若松区
八幡西区
中間市
洞海湾
払川
竹並入口
畠田
二島1
本城3
力丸町
浅川中学校東
九州女子大前
本城（帯田）
則松1
樋口町
筒井町
東曲里町
西神原町
鳴水小学校横
引野口
上の原2
中の原1
下上津役4
下上津役1
町上津役東
町上津役西
町上津役西2
千代1
香月東口
楠橋小学校下
東田出入口
大谷出入口
大谷JCT
黒崎出入口
小嶺出入口
馬場山出入口
鴨生田小
若松商高
二島中
二島小
高陵高
藤木小
北九州市立大
浅川中
光貞小
本城小
医生丘小
本城中
折尾東小
折尾中
自由ケ丘高
則松小
東筑高
折尾西小
折尾高
則松中
瀬板の森公園
穴生小
青山小
八幡西区役所
熊西小
穴生中
黒崎中央小
鳴水小
黒崎中
黒畑小
北筑高
竹末小
八枝小
八幡西消防署
引野中
引野小
八幡工高
永犬丸小
八幡南高
永犬丸中
永犬丸西小
上津役小
沖田中
中尾小
上津役中
八児中
千代小
千代中
香月小
香月中
楠橋小
桃園公園
帆柱ケーブル
本城駅
折尾駅
陣原駅
黒崎駅
八幡駅
二島駅
奥洞海駅
森下駅
永犬丸駅
東水巻駅
中間駅
西山駅
通谷駅
筑豊中間駅
筑豊香月駅
楠橋駅
JR筑豊本線（若松線）
JR筑豊本線（福北ゆたか線）
筑豊電気鉄道線
北九州都市高速4号線
JR山陽新幹線
九州自動車道
26
278
199
279
273
281
3
11
200
48
61
211
62
b
国道3号黒崎バイパス
[P46]
筑豊電鉄
筑豊電気鉄道黒崎駅前駅
[P55]
黒崎駅前ペデストリアンデッキ[P18]
黒崎駅前線（ふれあい通り）
[P19]
黒崎3
黒崎2
黒崎4
クロサキメイト

まちぶらりマップ

地図の見方

- 北九州都市高速道路
- 九州縦貫自動車道
- 東九州自動車道
- 中国自動車道 関門自動車道
- その他有料道路
- 10 一般国道
- 63 主要地方道 一般県道
- 小倉南IC 高速IC・出入口
- めかりPA パーキングエリア
- 信号機
- 小倉駅前 交差点名
- 筑豊電気鉄道線 北九州モノレール
- JR
- 市区町村界
- 消防署
- 区役所
- 公立学校

※「〇〇四丁目(例)」は「〇〇4(例)」に表記を変更しています。

※各種の名称については紙上での見やすさを考慮し、適宜省略していますので本図中の表記と現地での表記(正式名称)とが異なる場合があります。

※細心の注意を払って編集しておりますが掲載している情報は膨大でかつ変化が激しく、また本書独自の取捨選択を経たものです。本書の内容と現地の状況との相違については、なにとぞご了承ください。

※現地状況と本書の内容で異なる場合は必ず現地の通行規制や標識に従ってください。

※本書の利用により事故、損害、トラブル等が生じても責任を負いかねますのでご了承ください。

(地図情報は令和5年11月現在)

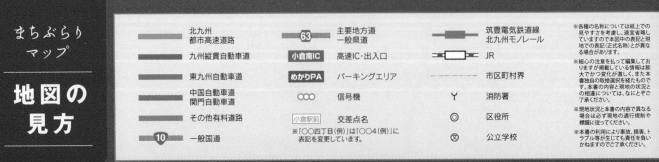